页岩气发展的国际实践与中国式路径

"十三五"国家重点图书

中国能源新战略——页岩气出版工程

国家出版基金项目
NATIONAL PUBLICATION FOUNDATION

编著：李博抒

U0381198

华东理工大学出版社
EAST CHINA UNIVERSITY OF SCIENCE AND TECHNOLOGY PRESS
·上海·

上海高校服务国家重大战略出版工程资助项目

图书在版编目（CIP）数据

页岩气发展的国际实践与中国式路径／李博抒编著
. —上海：华东理工大学出版社,2017.10
（中国能源新战略：页岩气出版工程）
ISBN 978 - 7 - 5628 - 5162 - 2

Ⅰ.①页… Ⅱ.①李… Ⅲ.①油页岩资源—研究—中
国 Ⅳ.①TE155

中国版本图书馆 CIP 数据核字（2017）第 213058 号

内容提要

全书分两大部分共九章。第一部分为国外篇,共分四章,第一章系统地介绍了全球页岩气资源与开采;第二章为"页岩气革命"的深刻影响;第三章具体阐述了页岩气热潮背后的生态环境风险;第四章是页岩气产业发展的国际经验及借鉴意义。第二部分为国内篇,共分五章,第五章系统地阐述了中国加快开发页岩气的战略意义;第六章系统地介绍中国页岩气进展分析与产业展望;第七章为中国页岩气环境之忧;第八章是中国页岩气产业化发展的障碍;第九章阐述了页岩气产业化发展的中国路径。

本书可作为高等学校页岩气相关专业本科生、研究生的学习指导书,也可作为从事页岩气生产和管理的人员的参考用书。

项目统筹／周永斌 马夫娇

责任编辑／韩 婷 马夫娇

书籍设计／刘晓翔工作室

出版发行／华东理工大学出版社有限公司

　　　　　地　址：上海市梅陇路 130 号,200237

　　　　　电　话：021 - 64250306

　　　　　网　址：www. ecustpress. cn

　　　　　邮　箱：zongbianban@ ecustpress. cn

印　　刷／上海雅昌艺术印刷有限公司

开　　本／710 mm×1000 mm　1/16

印　　张／16.5

字　　数／264 千字

版　　次／2017 年 10 月第 1 版

印　　次／2017 年 10 月第 1 次

定　　价／98.00 元

总序一

　　能源矿产是人类赖以生存和发展的重要物质基础,攸关国计民生和国家安全。推动能源地质勘探和开发利用方式变革,调整优化能源结构,构建安全、稳定、经济、清洁的现代能源产业体系,对于保障我国经济社会可持续发展具有重要的战略意义。中共十八届五中全会提出,"十三五"发展将围绕"创新、协调、绿色、开放、共享的发展理念"展开,要"推动低碳循环发展,建设清洁低碳、安全高效的现代能源体系",这为我国能源产业发展指明了方向。

　　在当前能源生产和消费结构亟须调整的形势下,中国未来的能源需求缺口日益凸显。清洁、高效的能源将是石油产业发展的重点,而页岩气就是中国能源新战略的重要组成部分。页岩气属于非传统(非常规)地质矿产资源,具有明显的致矿地质异常特殊性,也是我国第172种矿产。页岩气成分以甲烷为主,是一种清洁、高效的能源资源和化工原料,主要用于居民燃气、城市供热、发电、汽车燃料等,用途非常广泛。页岩气的规模开采将进一步优化我国能源结构,同时也有望缓解我国油气资源对外依存度较高的被动局面。

　　页岩气作为国家能源安全的重要组成部分,是一项有望改变我国能源结构、改变我国南方省份缺油少气格局、"绿化"我国环境的重大领域。目前,页岩气的开发利用在世界范围内已经产生了重要影响,在此形势下,由华东理工大学出版社策划的这套页岩气丛书对国内页岩气的发展具有非常重要的意义。该丛书从页岩气地质、地球物理、开发工程、装备与经济技术评价以及政策环境等方面系统阐述了页岩气全产业链理论、方法与技术，并完善了页岩气地质、物探、开发等相关理论，集成了页岩气勘探开发与工程领域相关的先进技术，摸索了中国页岩气勘探开发相关的经济、环境与政策。丛书的出版有助于开拓页岩气产业新领域、探索新技术、寻求新的发展模式，以期对页岩气关键技术的广泛推广、科学技术创新能力的大力提升、学科建设条件的逐渐改进，以及生产实践效果的显著提高等，能产生积极的推动作用，为国家的能源政策制定提供积极的参考和决策依据。

我想，参与本套丛书策划与编写工作的专家、学者们都希望站在国家高度和学术前沿产出时代精品，为页岩气顺利开发与利用营造积极健康的舆论氛围。中国地质大学（北京）是我国最早涉足页岩气领域的学术机构，其中张金川教授是第376次香山科学会议（中国页岩气资源基础及勘探开发基础问题）、页岩气国际学术研讨会等会议的执行主席，他是中国最早开始引进并系统研究我国页岩气的学者，曾任贵州省页岩气勘查与评价和全国页岩气资源评价与有利选区项目技术首席，由他担任丛书主编我认为非常称职，希望该丛书能够成为页岩气出版领域中的标杆。

让我感到欣慰和感激的是，这套丛书的出版得到了国家出版基金的大力支持，我要向参与丛书编写工作的所有同仁和华东理工大学出版社表示感谢，正是有了你们在各自专业领域中的倾情奉献和互相配合，才使得这套高水准的学术专著能够顺利出版问世。

中国科学院院士

2016年5月于北京

总序

二

　　进入21世纪，世情、国情继续发生深刻变化，世界政治经济形势更加复杂严峻，能源发展呈现新的阶段性特征，我国既面临由能源大国向能源强国转变的难得历史机遇，又面临诸多问题和挑战。从国际上看，二氧化碳排放与全球气候变化、国际金融危机与石油天然气价格波动、地缘政治与局部战争等因素对国际能源形势产生了重要影响，世界能源市场更加复杂多变，不稳定性和不确定性进一步增加。从国内看，虽然国民经济仍在持续中高速发展，但是城乡雾霾污染日趋严重，能源供给和消费结构严重不合理，可持续的长期发展战略与现实经济短期的利益冲突相互交织，能源规划与环境保护互相制约，绿色清洁能源亟待开发，页岩气资源开发和利用有待进一步推进。我国页岩气资源与环境的和谐发展面临重大机遇和挑战。

　　随着社会对清洁能源需求不断扩大，天然气价格不断上涨，人们对页岩气勘探开发技术的认识也在不断加深，从而在国内出现了一股页岩气热潮。为了加快页岩气的开发利用，国家发改委和国家能源局从2009年9月开始，研究制定了鼓励页岩气勘探与开发利用的相关政策。随着科研攻关力度和核心技术突破能力的不断提高，先后发现了以威远－长宁为代表的下古生界海相和以延长为代表的中生界陆相等页岩气田，特别是开发了特大型焦石坝海相页岩气，将我国页岩气工业推送到了一个特殊的历史新阶段。页岩气产业的发展既需要系统的理论认识和配套的方法技术，也需要合理的政策、有效的措施及配套的管理，我国的页岩气技术发展方兴未艾，页岩气资源有待进一步开发。

我很荣幸能在丛书策划之初就加入编委会大家庭，有机会和页岩气领域年轻的学者们共同探讨我国页岩气发展之路。我想，正是有了你们对页岩气理论研究与实践的攻关才有了这套书扎实的科学基础。放眼未来，中国的页岩气发展还有很多政策、科研和开发利用上的困难，但只要大家齐心协力，最终我们必将取得页岩气发展的良好成果，使科技发展的果实惠及千家万户。

这套丛书内容丰富，涉及领域广泛，从产业链角度对页岩气开发与利用的相关理论、技术、政策与环境等方面进行了系统全面、逻辑清晰地阐述，对当今页岩气专业理论、先进技术及管理模式等体系的最新进展进行了全产业链的知识集成。通过对这些内容的全面介绍，可以清晰地透视页岩气技术面貌，把握页岩气的来龙去脉，并展望未来的发展趋势。总之，这套丛书的出版将为我国能源战略提供新的、专业的决策依据与参考，以期推动页岩气产业发展，为我国能源生产与消费改革做出能源人的贡献。

中国页岩气勘探开发地质、地面及工程条件异常复杂，但我想说，打造世纪精品力作是我们的目标，然而在此过程中必定有着多样的困难，但只要我们以专业的科学精神去对待、解决这些问题，最终的美好成果是能够创造出来的，祖国的蓝天白云有我们曾经的努力！

中国工程院院士

2016年5月

总序

三

页岩气属于新型的绿色能源资源，是一种典型的非常规天然气。近年来，页岩气的勘探开发异军突起，已成为全球油气工业中的新亮点，并逐步向全方位的变革演进。我国已将页岩气列为新型能源发展重点，纳入了国家能源发展规划。

页岩气开发的成功与技术成熟，极大地推动了油气工业的技术革命。与其他类型天然气相比，页岩气具有资源分布连片、技术集约程度高、生产周期长等开发特点。页岩气的经济性开发是一个全新的领域，它要求对页岩气地质概念的准确把握、开发工艺技术的恰当应用、开发效果的合理预测与评价。

美国现今比较成熟的页岩气开发技术，是在20世纪80年代初直井泡沫压裂技术的基础上逐步完善而发展起来的，先后经历了从直井到水平井、从泡沫和交联冻胶到清水压裂液、从简单压裂到重复压裂和同步压裂工艺的演进，页岩气的成功开发拉动了美国页岩气产业的快速发展。这其中，完善的基础设施、专业的技术服务、有效的监管体系为页岩气开发提供了重要的支持和保障作用，批量化生产的低成本开发技术是页岩气开发成功的关键。

我国页岩气的资源背景、工程条件、矿权模式、运行机制及市场环境等明显有别于美国，页岩气开发与发展任重道远。我国页岩气资源丰富、类型多样，但开发地质条件复杂，开发理论与技术相对滞后，加之开发区水资源有限、管网稀疏、人口稠密等不利因素,导致中国的页岩气发展不能完全照搬照抄美国的经验、技术、政策及法规,必须探索出一条适合于我国自身特色的页岩气开发技术与发展道路。

华东理工大学出版社策划出版的这套页岩气产业化系列丛书,首次从页岩气地质、地球物理、开发工程、装备与经济技术评价以及政策环境等方面对页岩气相关的理论、方法、技术及原则进行了系统阐述,集成了页岩气勘探开发理论与工程利用相关领域先进的技术系列,完成了页岩气全产业链的系统化理论构建,摸索出了与中国页岩气工业开发利用相关的经济模式以及环境与政策,探讨了中国自己的页岩气发展道路,为中国的页岩气发展指明了方向,是中国页岩气工作者不可多得的工作指南,是相关企业管理层制定页岩气投资决策的依据,也是政府部门制定相关法律法规的重要参考。

我非常荣幸能够成为这套丛书的编委会顾问成员,很高兴为丛书作序。我对华东理工大学出版社的独特创意、精美策划及辛苦工作感到由衷的赞赏和钦佩,对以张金川教授为代表的丛书主编和作者们良好的组织、辛苦的耕耘、无私的奉献表示非常赞赏,对全体工作者的辛勤劳动充满由衷的敬意。

这套丛书的问世,将会对我国的页岩气产业产生重要影响,我愿意向广大读者推荐这套丛书。

中国工程院院士

胡文瑞

2016年5月

总

序

四

绿色低碳是中国能源发展的新战略之一。作为一种重要的清洁能源,天然气在中国一次能源消费中的比重到2020年时将提高到10%以上,页岩气的高效开发是实现这一战略目标的一种重要途径。

页岩气革命发生在美国,并在世界范围内引起了能源大变局和新一轮油价下降。在经过了漫长的偶遇发现(1821—1975年)和艰难探索(1976—2005年)之后,美国的页岩气于2006年进入快速发展期。2005年,美国的页岩气产量还只有1 134亿立方米,仅占美国当年天然气总产量的4.8%;而到了2015年,页岩气在美国天然气年总产量中已接近半壁江山,产量增至4 291亿立方米,年占比达到了46.1%。即使在目前气价持续走低的大背景下,美国页岩气产量仍基本保持稳定。美国页岩气产业的大发展,使美国逐步实现了天然气自给自足,并有向天然气出口国转变的趋势。2015年美国天然气净进口量在总消费量中的占比已降至9.25%,促进了美国经济的复苏、GDP的增长和政府收入的增加,提振了美国传统制造业并吸引其回归美国本土。更重要的是,美国页岩气引发了一场世界能源供给革命,促进了世界其他国家页岩气产业的发展。

中国含气页岩层系多,资源分布广。其中,陆相页岩发育于中、新生界,在中国六大含油气盆地均有分布;海陆过渡相页岩发育于上古生界和中生界,在中国华北、南方和西北广泛分布；海相页岩以下古生界为主，主要分布于扬子和塔里木盆地。中国页岩气勘探开发起步虽晚，但发展速度很快，已成为继美国和加拿大之后世界上第三个实现页岩气商业化开发的国家。这一切都要归功于政府的大力支持、学界的积极参与及业界的坚定信念与投入。经过全面细致的选区优化评价（2005—2009年）和钻探评价（2010—2012年），中国很快实现了涪陵（中国石化）和威远－长宁（中国石油）页岩气突破。2012年，中国石化成功地在涪陵地区发现了中国第一个大型海相气田。此后，涪陵页岩气勘探和产能建设快速推进，目前已提交探明地质储量3 805.98亿立方米，页岩气日产量（截至2016年6月）也达到了1 387万立方米。故大力发展页岩气，不仅有助于实现清洁低碳的能源发展战略，还有助于促进中国的经济发展。

然而，中国页岩气开发也面临着地下地质条件复杂、地表自然条件恶劣、管网等基础设施不完善、开发成本较高等诸多挑战。页岩气开发是一项系统工程，既要有丰富的地质理论为页岩气勘探提供指导，又要有先进配套的工程技术为页岩气开发提供支撑，还要有完善的监管政策为页岩气产业的健康发展提供保障。为了更好地发展中国的页岩气产业，亟须从页岩气地质理论、地球物理勘探技术、工程技术和装备、政策法规及环境保护等诸多方面开展系统的研究和总结，该套页岩气丛书的出版将填补这项空白。

该丛书涉及整个页岩气产业链，介绍了中国页岩气产业的发展现状，分析了未来的发展潜力，集成了勘探开发相关技术，总结了管理模式的创新。相信该套丛书的出版将会为我国页岩气产业链的快速成熟和健康发展带来积极的推动作用。

中国科学院院士

2016年5月

丛书前言

　　社会经济的不断增长提高了对能源需求的依赖程度,城市人口的增加提高了对清洁能源的需求,全球资源产业链重心后移导致了能源类型需求的转移,不合理的能源资源结构对环境和气候产生了严重的影响。页岩气是一种特殊的非常规天然气资源,她延伸了传统的油气地质与成藏理论,新的理念与逻辑改变了我们对油气赋存地质条件和富集规律的认识。页岩气的到来冲击了传统的油气地质理论、开发工艺技术以及环境与政策相关法规,将我国传统的"东中西"油气分布格局转置于"南中北"背景之下,提供了我国油气能源供给与消费结构改变的理论与物质基础。美国的页岩气革命、加拿大的页岩气开发、我国的页岩气突破,促进了全球能源结构的调整和改变,影响着世界能源生产与消费格局的深刻变化。

　　第一次看到页岩气(Shale gas)这个词还是在我的博士生时代,是我在图书馆研究深盆气(Deep basin gas)外文文献时的"意外"收获。但从那时起,我就注意上了页岩气,并逐渐为之痴迷。亲身经历了页岩气在中国的启动,充分体会到了页岩气产业发展的迅速,从开始只有为数不多的几个人进行页岩气研究,到现在我们已经有非常多优秀年轻人的拼搏努力,他们分布在页岩气产业链的各个角落并默默地做着他们认为有可能改变中国能源结构的事。

　　广袤的长江以南地区曾是我国老一辈地质工作者花费了数十年时间进行油

气勘探而"久攻不破"的难点地区，短短几年的页岩气勘探和实践已经使该地区呈现出了"星星之火可以燎原"之势。在油气探矿权空白区，渝页1、岑页1、酉科1、常页1、水页1、柳页1、秭地1、安页1、港地1等一批不同地区、不同层系的探井获得了良好的页岩气发现，特别是在探矿权区域内大型优质页岩气田（彭水、长宁－威远、焦石坝等）的成功开发，极大地提振了油气勘探与发现的勇气和决心。在长江以北，目前也已经在长期存在争议的地区有越来越多的探井揭示了新的含气层系，柳坪177、牟页1、鄂页1、尉参1、郑页1等探井不断有新的发现和突破，形成了以延长、中牟、温县等为代表的陆相页岩气示范区和海陆过渡相页岩气试验区，打破了油气勘探发现和认识格局。中国近几年的页岩气勘探成就，使我们能够在几十年都不曾有油气发现的区域内再放希望之光，在许多勘探失利或原来不曾预期的地方点燃了燎原之火，在更广阔的地区重新拾起了油气发现的信心，在许多新的领域内带来了原来不曾预期的希望，在许多层系获得了原来不曾想象的意外惊喜，极大地拓展了油气勘探与发现的空间和视野。更重要的是，页岩气理论与技术的发展促进了油气物探技术的进一步完善和成熟，改进了油气开发生产工艺技术，启动了能源经济技术新的环境与政策思考，整体推高了油气工业的技术能力和水平，催生了页岩气产业链的快速发展。

该套页岩气丛书响应了国家《能源发展"十二五"规划》中关于大力开发非常规能源与调整能源消费结构的愿景，及时高效地回应了《大气污染防治行动计划》中对于清洁能源供应的急切需求以及《页岩气发展规划（2011—2015年）》的精神内涵与宏观战略要求，根据《国家应对气候变化规划（2014—2020）》和《能源发展战略行动计划（2014—2020）》的建议意见，充分考虑我国当前油气短缺的能源现状，以面向"十三五"能源健康发展为目标，对页岩气地质、物探、工程、政策等方面进行了系统讨论，试图突出新领域、新理论、新技术、新方法，为解决页岩气领域中所面临的新问题提供参考依据，对页岩气产业链相关理论与技术提供系统参考和基础。

承担国家出版基金项目《中国能源新战略——页岩气出版工程》（入选《"十三五"国家重点图书、音像、电子出版物出版规划》）的组织编写重任，心中不免惶恐，因为这是我第一次做分量如此之重的学术出版。当然，也是我第一次有机会系统地来梳理这些年我们团队所走过的页岩气之路。丛书的出版离不开广大作者的辛勤付出，他们以实际行动表达了对本职工作的热爱、对页岩气产业的追求以及对国家能源行业发展的希冀。特别是，丛书顾问在立意、构架、设计及编撰、出版等环节中也给予了精心指导和大力支持。正是有了众多同行专家的无私帮助和热情鼓励，我们的作者团队才义无反顾地接受了这一充满挑战的历史性艰巨任务。

该套丛书的作者们长期耕耘在教学、科研和生产第一线，他们未雨绸缪、身体力行、不断探索前进，将美国页岩气概念和技术成功引进中国；他们大胆创新实践，对全国范围内页岩气展开了有利区优选、潜力评价、趋势展望；他们尝试先行先试，将页岩气地质理论、开发技术、评价方法、实践原则等形成了完整体系；他们奋力摸索前行，以全国页岩气蓝图勾画、页岩气政策改革探讨、页岩气技术规划促产为己任，全面促进了页岩气产业链的健康发展。

我们的出版人非常关注国家的重大科技战略，他们希望能借用其宣传职能，为读者提供一套页岩气知识大餐，为国家的重大决策奉上可供参考的意见。该套丛书的组织工作任务极其烦琐，出版工作任务也非常繁重，但有华东理工大学出版社领导及其编辑、出版团队前瞻性地策划、周密求是地论证、精心细致地安排、无怨地辛苦奉献，积极有力地推动了全书的进展。

感谢我们的团队，一支非常有责任心并且专业的丛书编写与出版团队。

该套丛书共分为页岩气地质理论与勘探评价、页岩气地球物理勘探方法与技术、页岩气开发工程与技术、页岩气技术经济与环境政策等4卷，每卷又包括了按专业顺序而分的若干册，合计20本。丛书对页岩气产业链相关理论、方法及技术等进行了全面系统地梳理、阐述与讨论。同时，还配备出版了中英文版的页岩气原理与技术视频（电子出版物），丰富了页岩气展示内容。通过这套丛书，我们希望能为页岩气科研与生产人员提供一套完整的专业技术知识体系以促进页岩气理论与实践的进一步发展，为页岩气勘探开发理论研究、生产实践以及教学培训等提供参考资料，为进一步突破页岩气勘探开发及利用中的关键技术瓶颈提供支撑，为国家能源政策提供决策参考，为我国页岩气的大规模高质量开发利用提供助推燃料。

国际页岩气市场格局正在成型，我国页岩气产业正在快速发展，页岩气领域中的科技难题和壁垒正在被逐个攻破,页岩气产业发展方兴未艾,正需要以全新的理论为依据、以先进的技术为支撑、以高素质人才为依托,推动我国页岩气产业健康发展。该套丛书的出版将对我国能源结构的调整、生态环境的改善、美丽中国梦的实现产生积极的推动作用,对人才强国、科技兴国和创新驱动战略的实施具有重大的战略意义。

　　不断探索创新是我们的职责,不断完善提高是我们的追求,"路漫漫其修远兮,吾将上下而求索",我们将努力打造出页岩气产业领域内最系统、最全面的精品学术著作系列。

丛书主编

2015年12月于中国地质大学(北京)

前

言

近年来,随着水平钻井和水力压裂等关键技术的突破,美国率先实现了页岩气的商业化开发,成为世界第一大天然气生产国,并带动了页岩油的开采热潮。美国页岩油气的成功开发,扭转了天然气长期依赖进口的局面并实现出口,使得美国下游制造行业成本下降,对从衰退中缓慢复苏的美国工业产生积极影响。同时,削弱了中东地区和俄罗斯等能源大国的竞争力,增强了美国在应对气候变化方面的主导权和话语权。"页岩气革命"扩展到加拿大、波兰、英国、阿根廷、南非和中国等国家,改变了世界天然气和能源市场格局。

美国页岩气成功开发,是在天然气领域采用市场化机制、政府有效监管、依靠利益驱动、政府资助研发,以及具备成熟的油气服务体系、发达的天然气管网设施和风险投资市场等多种因素共同作用的结果。

必须注意的是,页岩气开发会对当地环境产生影响,如对地表水和地下水的潜在污染、诱发地震的可能性及对气候变化、噪声、交通和土地使用影响。因此,针对页岩气开发,美国逐渐形成了独具特点的监管体系,涵盖联邦、州和地方政府三个层次,建立了明晰、可操作性强的规制框架,并积累了丰富的最佳实践案例和经验,如要求地质资料必须上交,强制公开压裂液成分,在进行钻井、压裂、水处理等关键开采活动之前必须经过许可、发挥公众监管能力、市场公平准入等。这些经验值得后发国家学习借鉴。

中国开发页岩气的重要性和紧迫感源自中国能源安全与环境保护的现实。以煤为主的能源消费结构对环境和公众健康造成重大威胁,雾霾等极端天气在全国范围内频频出现,中国节能减排任务进一步"加码"倒逼能源的绿色转型。因此,加快中国页岩气开发具有重大战略意义,能够直接增加中国天然气供应、优化能源结构、缓解减排压力、保障能源供应安全、提高能源利用效率、拉动油气装备制造业发展、带动基础设施建设,以及培育下游相关产业新的经济增长点。以页岩气开发为抓手,借助制度创新,还有助于推动我国能源体制的深化改革。

相比美国和加拿大,当前中国页岩气产业虽在少数地区成功实现了商业化开发,但整体而言仍处于发展的初级阶段。油气行业立法和标准尚不健全,管理和监管机构职能分散,多头管理,相互之间缺乏有效的政策协调机制;矿权管理方面进入、退出机制有待完善且执行不到位,在77%的页岩气可采资源位于国有石油公司现有已登记矿权的常规油气区块的现实情况面前,如何拿出更多的区块用以招标或者如何更大程度调动国有油公司开发页岩气的积极性成为制约页岩气发展的重要挑战,否则将难以实现发展目标。同时,我国环境监管能力一直比较薄弱,相关配套环保法规政策和标准并不完善,一旦大规模开发又不加以有效监管,可能会引起更大的环境风险。

此外,页岩气市场化程度低也是阻碍中国页岩气开发的重要因素。页岩气开发本身就是一项高投入、高风险、长周期的投资活动。美国需要连续接替打上百口甚至上千口的页岩气井才能实现规模化量产,投入高达数亿元。由于中国矿产资源投融资制度不完善,能否在页岩气产业初期获得来自社会和金融机构的大量资本的支持,成为中国页岩气能否持续发展的关键。在页岩气富集的中西部地区,管网等基础设施建设严重不足且高度垄断互不开放,难以满足页岩气开发对管网及配套设施的需求。未来中国页岩气大规模开采出来后,如何进行下游市场利用的问题至今尚未明确。到底是集中进入天然气输送管网进行输配利用,还是就近开展分布式利用,抑或是就地转化为 LNG、CNG 输送和利用,甚至出口等,均缺乏明确而科学的前期规划。

中国页岩气的地质构造、地表条件、资源潜力、天然气管网设施等与美国存在诸多差异,美国的成功经验不能完全照搬,需要结合中国实际情况来快速推进页岩气勘探开发。页岩气是新兴的能源产业,中国要实现自己的"页岩气革命",必须打破现有障碍,在管理体制、矿权管理、环境监管、市场利用方面进行综合创新,并从国家层面尽快做好页岩气发展的整体规划和顶层设计,统一政府、企业认识,汇聚各方力量,加快改革,创新发展。

在吸收大量中外文献和数据资料的基础上,本书系统阐述了"页岩气革命"给美国经济、社会和环境带来的巨大变化及其全球影响,重点分析了美国页岩气勘探开发和利用的管理制度及监管体系,以及加拿大、英国等其他国家的发展经验和教训。在此基础上,结合能源学、环境经济学的基本理论和方法,分析中国页岩气资源现状及政策环境,探讨和提出了中国页岩气产业发展的实现路径及其政策建议。

本书从构思、写作到最后成稿历时近 2 年,是作者在分析、思考和吸收大量中外最新相关研究文献、公司案例和数据年鉴的基础上完成的,尤其得益于在中国能源网研究中心工作期间主持参与相关课题的研究积累。在北大国家资源经济研究中心和环境科学与工程学院工作学习期间,从事环境经济学研究,更加深了对页岩气产业发展环境问题的认识。

感谢中国能源网研究中心冯丽雯主任、韩晓平副主任,国务院发展研究中心企业研究所张永伟副所长的巨大帮助,他们不仅是作者进行页岩气研究最早的引路人,其许多洞见也为本书提供了重要启迪。感谢北京大学张世秋教授和戴瀚程研究员,两位良师的言传身教和学术造诣对作者的专业发展起到极为重要的作用,谆谆教诲,受益终身。

本书在研究和写作过程中,还得到了国内有关高校和科研院所、油气公司以及国外研究机构的无私帮助。在有关国家部委的大力支持下,作者曾赴美国实地调研页岩气开发进展和监管经验,有幸与美国能源部、环保署和一些州立监管部门的专家座谈交流,他们也为本书提供了许多第一手的资料和参考。在此向有关领导、专家和同行谨致衷心的感谢!

中国页岩气开发正进入商业化开发阶段,相关研究仍在继续,学界和业界对一些重大问题仍存在争论,随着研究的深入,作者深感其中还会存在诸多不足,加之研究水平所限,书中难免有不当和错漏之处,恳请读者和同行不吝赐教,以便今后加以补充和修正。

2017 年 5 月于北大环境大楼

目

录

第一部分　国　外　篇

第二部分　国　内　篇

页岩气发展
的国际实践
与中国式
路径

第 一 部 分

国 外 篇

全球页岩气
资源与开采

第一节　页岩气及其特征

一、概念

　　页岩气是指赋存于富有机质泥页岩及其夹层中,以吸附或游离状态为主要存在方式的非常规天然气,成分以甲烷为主,如图1-1所示。页岩气的主要特点是以热解或生物成因为主,主要以吸附状态和游离状态两种形式存在于页岩孔隙、裂隙中。

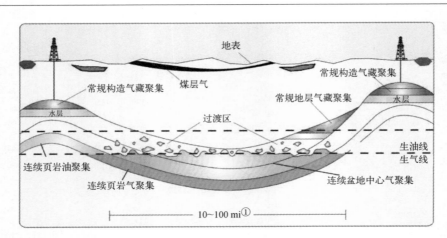

图1-1 非常规天然气与常规天然气的形成(江怀友,2011)

二、气藏开发特点

　　常规天然气一般赋存于圈闭内物性较好的储层中,不经过改造就能开发生产和利用,而非常规天然气则对技术要求较高,开采相对困难,如图1-2所示,具体区别见表1-1。

_____

　　① 1英里(mi)=1.609 3 千米(km)。

图1-2 常规与非
常规油气的对比
(汪民等,2012)

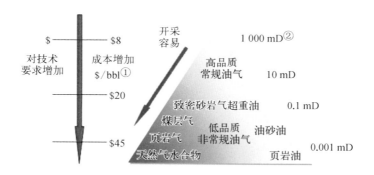

表1-1 常规天然
气与非常规天然气
对比表(汪民等,
2012)

对比项目	常规天然气	页岩气
界定	浮力作用影响下,聚集于储层顶部的天然气	主要以吸附和游离两种状态聚集于泥/页岩系中的天然气
主要成分	甲烷为主,乙烷、丙烷等含量变化较大	甲烷为主,少量乙烷、丙烷
储层介质	孔隙性砂岩、裂缝性碳酸盐岩等	页/泥岩及期间砂岩夹层
赋存状态	各种圈闭的顶部高点,不考虑吸附影响因素	20%~80%为吸附,其余为游离和水溶
成藏特点	生、储、盖合理组合	自生、自储、自保
储层结构及条件	多为单孔隙结构,双孔隙结构 低渗: K 为 0.1~50 mD 中渗: K 为 50~300 mD 高渗: $K>$300 mD	纳米级孔隙 低孔、低渗特征 ϕ 为 4%~6% $K<$0.001 mD
分布特点	构造较高部位的多种闭圈	盆地古沉降—沉积中心及斜坡
埋深	埋深有深有浅,一般大于1 500 m	埋深有深有浅
成藏及勘探有利区	正向构造(圈闭)的高部位	3 000 m以浅的页岩裂缝带
开采技术工艺	较简单 常规工艺技术	主要有水平井+多段压裂技术、清水压裂技术、同步压裂技术等
井距	井距大,可采用单井,一般用少量生产井开采	必须采用井网,井的数量较多
初期单井产量	高	低
生产特点	采收率高,初始产气量大,随时间而降低,无水或很少水产出,气/水随时间而减少	采收率低,生产周期长,无水或很少水产出,气产量随时间增加,直至达最大值,然后下降

① 1 桶(bbl) = 0.159 立方米(m³)。
② 1 D = 1 000 mD = 1 μm² = 10^{-12} m²。

　　页岩气藏具有自生自储、无气水界面、大面积连续成藏、低孔及低渗等特征,必须采用先进的储层改造工艺才能实现商业性开发。具体来说,页岩气藏储层介质具有"低孔低渗"特征: ① 页岩气主要是以吸附状态存在; ② 赋存不需要其他岩性作为盖层,气藏形成无明显圈闭界限,气藏范围几乎与生气源岩面积相等; ③ 页岩气资源呈大面积连续分布状态,资源丰度低、非均质性强,往往仅局部有"甜点"。

　　基于页岩气藏的上述特征,页岩气开采需要打水平井与实施压裂工程,而常规天然气田相对容易开采,可能并不需要打水平井及压裂。页岩气开发的工艺流程主要包括5个环节(图1-3),即: ① 钻竖直井到页岩层; ② 钻水平井进入页岩储气层; ③ 向页岩气井中注入由水、砂及化学添加剂特定配比而成的高压混合液; ④ 进行水力压裂,扩大岩层缝隙; ⑤ 抽采页岩气到地表。

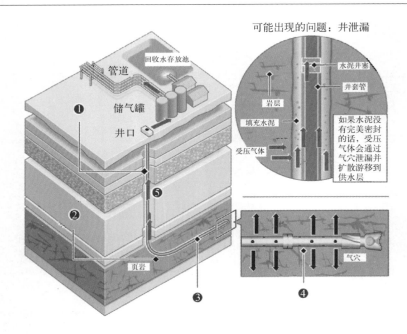

图1-3 页岩气开发流程(据中国能源网研究中心)

　　页岩气开发的关键是"采"。页岩气藏的特征决定了页岩气开发具有单井产量低、采收率低、投入高、产量递减快、生产周期长等特点,这就使得在开采过程中只有打大量的气井,通过接替生产以产生规模效应后才能形成稳定的投资回报,开发初期和单井小规模难以形成稳定的投资回报。由此可见,页岩气产业化开发的有效模式关键是形成规模化"采"气,而不像常规天然气开发,是否投入产业化开发的关键是"找"气。这也就使得页岩气开发在核心技术、投资需求、监管模式及风险特性等方面都有不同于常规天然气的发展规律。

三、 资源分布

从资源角度看,全球页岩气储量丰富,勘探和开发程度较低,发展潜力巨大。据美国能源信息署(Energy Information Administration,EIA)2013 年的评估,全球页岩气资源量高达 1 013.24 × 10^{12} m³,如图 1 – 4 ~图 1 – 6 所示。

随着技术的不断进步,全球页岩气技术可采储量从 2011 年的 187.52 × 10^{12} m³,增长到 2013 年的 206.69 × 10^{12} m³,且美国排名变动较大,由之前的世界第二跌至第四的位置,阿尔及利亚则由世界第九上升至世界第三的位置。除美国和加拿大已经成功开展页岩气商业化开发外,世界许多国家也已经开始了页岩气的勘探开发工作。

图1-4 各大洲页岩气储量
(据美国能源信息署、美国地质勘探局、先进资源研究所, 2013)

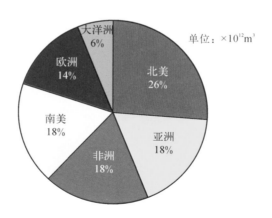

单位:×10^{12}m³

大洋洲 6%
欧洲 14%
北美 26%
南美 18%
亚洲 18%
非洲 18%

图1-5 全球
页岩气分布图
（据美国能源
信息署、美国
地质勘探局、
先进资源研究
所，2013）

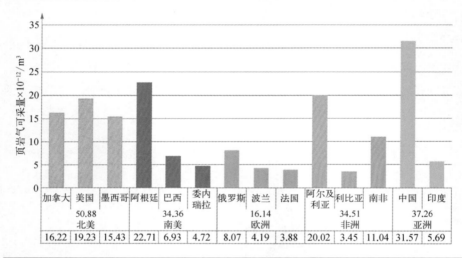

图1-6 全球
主要国家（地
区）页岩气可
采量（据美国
能源信息署、
美国地质勘探
局、先进资源
研究所，2013）

加拿大	美国	墨西哥	阿根廷	巴西	委内瑞拉	俄罗斯	波兰	法国	阿尔及利亚	利比亚	南非	中国	印度
	50.88 北美			34.36 南美			16.14 欧洲			34.51 非洲		37.26 亚洲	
16.22	19.23	15.43	22.71	6.93	4.72	8.07	4.19	3.88	20.02	3.45	11.04	31.57	5.69

第二节　　世界页岩气开发历程与进展

进入21世纪以来，石油资源短缺已成为制约全球经济发展的共同难题，世界各国都掀起了非常规天然气勘探开发的热潮。非常规油气资源是相对于"常规"而言的,特指在成藏机理、赋存状态、分布规律或勘探开发方式等方面有别于常规油气资源中烃类或非烃类的资源,主要包括致密砂岩气、煤层气、页岩气、水溶气、可燃冰、油砂及油页岩等。

近年来,全球非常规天然气勘探开发不断取得重大突破,煤层气和页岩气正成为非常规天然气资源开发的重要领域,尤其是近年来继美国"页岩气革命"取得成功之后,页岩气更是一跃成为全球瞩目的焦点。

一、 北美

(一) 美国

1. 页岩气开发历程与发展途径

1) 页岩气资源十分丰富,开采历史久

美国页岩气最早开采可追溯到 1821 年美国第一口工业性天然气钻井(1821 年钻至 8 m 深度时产出裂缝气)就是页岩气井(Chautauqua 县浅埋的泥盆系 Dunkirk 页岩),当时由于产气量少而没有引起人们的重视,但却就此拉开了美国天然气工业发展的序幕。随着研究和钻探活动的深入,19 世纪 30 年代以后,美国的页岩气藏陆续被发现。

20 世纪 20 年代,美国开始现代化天然气工业生产。到 1926 年时,东肯塔基和西弗吉尼亚气田(泥盆系页岩)成为当时世界上最大的天然气田。70 年代中期,美国天然气的发展步入规模化发展阶段,70 年代末期年产约 19.6×10^8 m^3。

1976—1981 年,美国能源部发起针对美国东部的阿巴拉契山脉盆地、密歇根盆地和伊利诺伊盆地(Appalachian,Michigan 及 Illinois Basins)的页岩气研究,即美国页岩气东部示范工程(Eastern Gas Shales Project,EGSP)。此后该项目又继续延伸至八九十年代。该示范工程的目的首先是确定上述三个盆地的泥盆纪页岩的分布范围、厚度、深度及岩层构造等,并准确评估其页岩气储量及可采资源量;其次,发展页岩气开采若干环节的关键核心技术,并加以示范推广,有效应用于商业领域。

2)页岩气东部示范工程对页岩气成功开发功不可没

EGSP 项目增加了对美国东部地区页岩盆地的地质地理构造的了解,形成了一个对公众开放的庞大数据库,包含东北部泥盆纪页岩的上百张详细地质构造图,以及关于页岩气储藏、形成机理等的若干技术资料。直到今天,这些公开资料对于页岩气公司的运营仍然发挥着重要作用。其次,根据美国能源部 1982 年的统计,示范工程总共在 63 口页岩井中进行了试验,尝试了 95 次压裂作业。通过这些作业,示范工程在页岩气开采技术上也取得了许多突破,包括第一次使用氮气泡沫压裂技术、第一次使用定向钻井技术、试验使用微地震波监测水力压裂的裂缝等。这些技术随后逐渐得到大规模商业化应用,为后来的美国页岩气的蓬勃发展奠定了坚实的技术基础。

在页岩气东部示范工程开展期间,美国政府于 1980 年实施了非常规燃料免税政策,进一步促进了页岩气的商业性开采。1981 年,Mitchell 能源公司在得克萨斯州北部 Fort Worth 盆地 Barnett 页岩的成功钻探,再一次激发了人们对页岩气的兴趣。

美国页岩气东部示范工程之后,页岩气勘探和研究迅速向其他地区扩展,针对页岩气研究全面展开,页岩气开发技术日臻成熟。在美国页岩气发展历史上,有美国"页岩气之父"之称的乔治·米歇尔(George Mitchell)起到了关键性作用。在他长期的不懈努力下,1981 年第一口页岩气井压裂成功,实现了技术突破。随后,水平井大规模压裂技术开始得到广泛应用。美国研发的水平井加多段压裂、水力压裂、同步压裂、页岩储层描述技术、深层地下爆破、人工微地震监测及页岩评价等多项尖端技术的应用,拓展了页岩气开采面积和深度,也大大降低了单位开采成本。

以 Barnett 页岩的开采情况为例,美国页岩气开发技术历程可分为 4 个阶段,如图 1-7 所示。

美国页岩气资源丰富,拥有可采资源量 19.23×10^{12} m³,在 48 个州拥有页岩气资源。尤其是近 30 年来,在鼓励政策和技术进步的推动下,页岩气得到成功开发,使美国天然气供应得到极大补充并使天然气价格显著下降,对美国乃至世界的能源格局产生重大影响。

3)美国页岩气产业快速发展

美国页岩气产量增长显著,占全国天然气总产量的比重持续攀升。1999 年,美国

图1-7 美国页岩
气开发技术发展历
程(据中国能源网
研究中心)

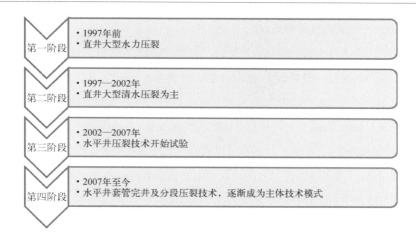

第一阶段
- 1997年前
- 直井大型水力压裂

第二阶段
- 1997—2002年
- 直井大型清水压裂为主

第三阶段
- 2002—2007年
- 水平井压裂技术开始试验

第四阶段
- 2007年至今
- 水平井套管完井及分段压裂技术,逐渐成为主体技术模式

页岩气产量达到 108×10^8 m^3。2006 年,美国页岩气井增至 40 000 余口,页岩气产量占全国天然气总产量的 5.9%,其中仅 Barnett 页岩产量就达 311×10^8 m^3。2007 年,美国页岩气产量达到 335×10^8 m^3,其中以 Barnett 页岩为主的 Newark East 页岩气田的天然气产量列美国气田第 2 位,成为美国页岩气产量最大的气田。

2009 年,美国页岩气勘探开发更是取得了惊人的发展速度,页岩气生产井数增至 98 590 口,产量超过 878×10^8 m^3。其中,仅 Barnett 页岩的产量就达到了 560×10^8 m^3。页岩气快速勘探开发使得美国天然气储量增加了 40%,也首次超过俄罗斯成为世界第一大天然气生产国。2010 年,美国页岩气技术可采储量增至 23×10^{12} m^3,产量达到 $1\ 379 \times 10^8$ m^3,约占美国天然气总产量的 23%。2012 年,美国页岩气产量达到 $2\ 870 \times 10^8$ m^3,占其天然气总产量的 37%,2013 年根据 EIA 和 ARI 最新数据,美国页岩气日均产量已由 2012 年的 7.53×10^8 m^3/d,增加到 2013 年 6 月的约 7.93×10^8 m^3/d。2013 年全年产量已超过 $3\ 200 \times 10^8$ m^3。

根据 ARI 的预测,随着 Haynesville 和 Marcellus 页岩气开发的快速发展,到 2035 年,页岩气产量将占美国天然气总产量的 45%。

2. 开发关键技术特点及其适用性

1)页岩气开采条件

页岩气是天然气的一种存在形式,它以多种相态存在并富集于页岩气地层中。而页岩既是烃源岩又是储集层,属于典型的自生自储型气藏,页岩气主要以基质吸附气和裂缝、孔隙中的游离气的形式存在。

页岩气的存在具有特殊的地质特征,应用常规气藏的开发技术显然无法适应其高效开发。页岩气储层一般呈低孔、低渗透率的物理特征,在开发上主要表现为常规试气产能或无产能。气流的阻力比常规天然气大,所有的井都需要实施储层压裂改造才能开采出来。另一方面,页岩气采收率比常规气藏要低,常规天然气采收率在 60% 以上,而页岩气仅为 5% ~ 60%。目前有关页岩气的研究主要集中在成藏、储层特征等地质勘探方面,对开发方面的研究只涉及水平钻井技术和压裂技术。具体来讲,在页岩气实际开发过程中主要存在以下几个问题:储量的准确计算较困难,渗流机理复杂多样、渗透率的准确测量较困难,同时还存在次生矿物填充的簇状"天然"裂缝。

美国页岩气藏具有典型的衰竭特点,初始产量高,前 3 年急剧下降,随后在很长的时间里保持稳产并有所下降,生产寿命可达 25 年以上。美国页岩气资源丰富、致密页岩分布范围广、有效厚度大、有机质丰度高、含气量大、裂缝系统发育、原始地质储量丰富、岩石埋深和黏度含量相对较低,有利于实施水力压裂,规模生产效果较好。美国已将具有合适页岩气类型、有机质含量、成熟度、孔隙度、渗透率、含气饱和度以及裂缝发育等综合条件的页岩作为开采目标。

2)页岩气开采常用技术

近几年,美国、加拿大和欧洲一些国家通过应用先进的勘采技术,使得页岩气的开发成为新兴的能源产业。北美油气商把页岩气藏作为重要的天然气开发目标,并取得了巨大成功。

通过深入研究北美页岩气藏的开发历史和成功经验,其勘探和开发的关键在于有政策引导和正确的技术指导。从技术层面来讲,页岩气勘探方法有地质法、地球物理法、地球化学勘探法和钻井法;页岩气开发技术主要有水平钻井技术、压裂(监测)技术和完井技术。其中,压裂技术主要有多层压裂、清水压裂、重复压裂和最新的同步压裂技术等。

其中,页岩气开发的关键技术包括地质储量评估技术、射孔优化技术、压裂增产技术、水平井增产技术、超临界二氧化碳开发页岩气技术及欠平衡钻井开发页岩气等新技术。其中欠平衡钻井技术的应用主要针对页岩气井上部井漏、钻速慢的问题,采用气体钻井、充气钻井等来提速治漏，以加快页岩气开发进程。

目前页岩气开采常用的水压裂增产技术还不完善，在应用中对储层伤害较大，此外消耗成本较高。针对这些问题，目前超临界二氧化碳开发页岩气技术已被开发，尚在实验过程中。该技术喷射破岩效率高、门限压力低，能有效减少井下复杂问题的出现，从而提高钻井速度、缩短建井周期；且不含固相颗粒，不会堵塞孔隙喉道，不会导致储层中黏土膨胀，从根本上避免了水锁效应、岩石润湿性反转等危害的发生，钻井过程中，有效保护储层不受损害，提高了油气井单井产量和采收率。

1997 年后，水力压裂开始取代凝胶压裂成为北美页岩气增产的主要措施。此后，重复压裂(1999 年)、水平钻井(2003 年)以及水平井分段压裂(2005 年)等一系列新技术开发广泛应用。

美国页岩气井钻井包括直井和水平井两种方式。直井的目的主要用于试验，了解页岩气藏特性，获得钻井、压裂和投产经验，并优化水平井钻井方案；水平井主要用于生产，可以获得更大的储层泄流面积，得到更高的天然气产量。水平井较之垂直井具有明显的优势：① 水平井成本为直井的 1.5 ~ 2.5 倍，但初始开采速度、控制储量和最终评价可采储量却是直井的 3 ~ 4 倍；② 水平井与页岩层中裂缝(主要是垂直裂缝)相交机会大，明显改善储层流体的流动状况，统计结果表明，水平段为 200 m 或更长时，比直井钻遇裂缝的机会多几十倍；③ 在直井收效甚微的地区，水平井开采效果良好；④ 水平井钻井减少了地面设施，开采延伸范围大，可避免地区不利条件的干扰。

以下四项主要技术应用加速了页岩气的开发：① 使用滑溜水压裂液替代胍胶、气体或泡沫压裂液，使用很少的添加剂(极低的黏度)；② 水平井替代直井占主导地位；③ 10 ~ 20 段甚至更多段的压裂增加了裂缝与地层接触面积，提高了井的初始产量和采收率；④ 在井组中进行相邻井实时拉链式压裂产生的裂缝改变了地应力，增大了裂缝波及范围，产量比单井压裂时高。

3. 管理体制与监管实践

1) 三级监管体系

在联邦层面，与页岩气产业相关的机构主要有美国能源部、联邦能源监管委员会、美国环保署、美国内政部(主要是其下属的土地管理局)。

在州的层面上，限于各种条件，联邦层级的监管机构显然无法对全国各地的所有页岩气项目进行逐个监管。同时，由于美国特有的政治结构，各州法律结构有所不同，再加上资源条件、经济水平等的差异，全国统一的法律法规并不一定适用于每个州。因此，一些州机构通常根据本州特点，在联邦法案的基础上，添加其他的环保条款，特别是关于油气开采的环保条款，形成州一级的环保法规。此外，各州机构还需要对本州土地上的页岩气开采行为进行全过程的监督管理，以保证其满足环保法律法规的合规要求。各州的对口监管机构设置各不相同，常见的如环保部、自然资源保护部等，各州具体机构设置情况见表1-2。

州 名	机构名称	州 名	机构名称
亚拉巴马州	亚拉巴马州地质勘测 州立石油天然气董事会	新墨西哥州	能源、矿产、自然资源部门 石油保护组织
阿肯色州	阿肯色州石油天然气委员会	纽约	环境保护部门 矿产资源部
科罗拉多州	自然资源部门 石油天然气保护委员会	北达科他州	北达科他州产业委员会 矿产资源部
伊利诺伊州	石油天然气部 自然资源部门	俄亥俄州	自然资源部门 矿产资源管理部
印第安纳州	石油天然气部 自然资源部门	俄克拉何马州	俄克拉何马州公司委员会 石油天然气保护部门
肯塔基州	能源发展与独立部门	宾夕法尼亚州	环境保护部门 石油天然气管理办事处
路易斯安那州	自然资源部门 保护部办公室	田纳西州	州立石油天然气董事会 环境保护部门
密歇根州	环境质量部门 地质勘探办公室	得克萨斯州	得克萨斯铁路委员会
密西西比州	密西西比州立石油天然气董事会	西弗吉尼亚州	环境保护部门 石油天然气办公室
蒙大拿州	自然资源与保护部门 石油天然气董事会		

表1-2 美国主要州级页岩气监管机构(据中国能源网研究中心)

除去州级监管机构的管理监督，许多州也在推行"自愿评估"项目以保证州环保法规的有效执行，这些项目大多由独立机构(联邦政府下属的委员会或非营利组织)提供定期评估。例如，"地下灌注控制项目"(UIC)(图1-8)主要用于评估整个州的地下饮用水保护情况，"油气环保法规州级评估项目"(STRONGER)用于定期评估整个州

图 1-8　地下灌注控制项目（据中国能源网研究中心）

的废弃物处理情况。迄今为止，在美国，大多数州均参与了 UIC 项目，同时已有 18 个州至少完成了一次 STRONGER 评估。

　　除联邦法律和州法律之外，在某些地区进行页岩气开采，可能还需要符合以下一些额外的环保要求。

　　① 再下一级的地方政府机构（如市、县），这些地方政府的主管部门可能会为了保护当地居民的生活而制定一些额外环保条例，如施工过程中的噪声问题，洪水流域的井位布置问题，以及交通、工地保洁等多方面的要求。

　　② 联邦政府下属的区域性水务管理机构一般负责保护整条流域的水资源，并监管水资源的利用，如特拉华河流域管理委员会的管理范围覆盖了纽约州、宾夕法尼亚州、新泽西州及特拉华州等几个州，在这些地区，页岩气开采企业如果想从水域中取水进行钻井作业，必须向该委员会提出申请并获得许可。

　　（1）联邦政府的定位与作用

　　① 制定联邦政府的页岩气政策和战略

　　美国联邦政府在制定页岩气产业政策中所扮演的角色是：针对市场竞争的有限性和缺陷，在着重提高市场竞争性的同时，力求达到国家关于经济、环保和安全的所有目标。因此,联邦政府和州政府都不制定原油、天然气和石油产品的价格,也不直接支配市场。商品的近期、远期价格由当地市场和世界市场根据供需情况来决定。但是联邦政府要监管市场的运行情况,防止欺诈或其他不正当行为的发生,以保证市场的有效运行。在符合美国法律和政策的条件下,页岩气勘探和开发项目的融资、工程规划和实施,以及生产和市场销售等业务都由私营部门来完成,联邦政府只制定经济和技术的监管框架。

美国政府除制定产业政策外,还制定国家页岩气发展战略,其目标是:提高页岩气利用效率;防止能源供应中断;促进能源生产和环境保护的平衡;致力于技术研发与科技进步;加强全球页岩气能源领域的国际合作。

为了达到上述目标,联邦政府还参与研发天然气开发技术,收集、分析并发布相关数据,制定税收政策和国际贸易政策。

② 管理联邦土地,加强环保和可持续性发展

联邦土地的资源开发权由公司通过竞争性投标获得,成功中标的承租人为联邦土地资源的开发权支付特权使用费和租金,这也是联邦政府最大的非税收入。这笔从近70 000 个出租业务中获得的收入平均每年约 40 亿美元。与此同时,作为联邦土地管理者,政府有责任保证资源开发符合环保要求。例如出于环保考虑,联邦政府可以通过国会法案和总统令,严格禁止在某些联邦土地上从事页岩气开发活动。

③ 制定行业标准与规则

虽然美国的天然气行业由私营部门经营,但联邦政府在制定和实施行业标准,以及通过监管活动维护消费者和劳动者切身利益、保护环境等方面发挥着重要作用。联邦政府在许多领域如环境保护、管道安全、州际管道商务监管、职业健康和安全及财务报告等方面都制定了相应的标准。

(2)主要联邦监管机构的职能

① 美国能源部

美国能源部(Department of Energy,DOE)是制定国家能源战略的主要部门,美国国家能源战略的主要目标是:提高能源效率、确保应对能源危机的能力、促进环保能源的生产和利用,同时通过不断的科技进步来拓展未来的能源选择,在能源问题上进行国际合作。DOE 还负责国家核武器计划,核反应堆生产,国内能源生产、储备、统计发

布及相关研究,放射性废弃物等方面产业政策的制定及行业管理。

美国能源部下设有多个公署:民用核废弃物管理署、电力输送及能源可靠性署、能源效率及可再生能源署、环境管理署、化石能源署、遗产管理署、核能署及科学署。美国能源部下设有 21 个国家实验室和技术中心,有 30 000 多名科学家和工程师从事能源领域最尖端的科学研究。能源部还设有能源信息署,负责对能源供应、需求和价格趋势等数据进行收集和分析,其分析工作具有独立性,不受联邦政策目标的影响。DOE 提供的能源信息服务包括三大类:收集和分析能源市场的数据、研究影响能源供应的事件和政策及评价能源资源状况。

涉及页岩气方面,DOE 主要负责制定非常规资源开发规划和激励政策,对页岩气、煤层气及致密砂岩气给予适当补助,资助关键技术研发。DOE 通常用招投标的方式给予科研机构页岩气研发基金。通过政府赞助而获得的技术仍由美国天然气技术研究院(Gas Research Insitute,GRI)处置,出售许可证给需要的企业或者直接将技术卖给企业。政府只会少量规定哪些技术可以出售,哪些不能。

DOE 从 1978 年开始,主要有三个重要支持项目:

(a) 1978—1982 年,资助煤层气研发 3 000 万美元;

(b) 1978—1992 年,资助页岩气研发 1.37 亿美元;

(c) 1980—2002 年,在能源短缺的背景下,DOE 实施《能源意外获利法》,其中第 29 节对非常规天然气实施税收优惠,以促进新技术的发展生产更多的非常规天然气,同时通过税收抵免分担技术发展带来的金融风险。最初设置的免税额度为 0.5 美元/千立方英尺[①],这项政策带来了钻井和完井技术的大发展。随着市场商业化和竞争性,该减免政策于 2002 年取消。

② 美国联邦能源监管委员会

美国联邦能源监管委员会(Federal Energy Regulatory Commission,FERC)的前身是成立于 1920 年的联邦电力委员会,后者的主要职责是协调联邦水利开发。1977 年《能源部组织法》将各类与能源有关的机构并入能源部,同时将联邦电力委员会更名为联邦能源监管委员会,并保留了其独立的监管地位。

---

① 1 mcf(1 000 立方英尺) = 28.317 m³(立方米)。

FERC 是《联邦水电法》《联邦电力法》《天然气法》及《天然气政策法》等能源立法及能源政策的执行机构。作为一个独立的监管机构,联邦能源监管委员会的使命在于通过管制和市场的手段帮助消费者以合理的成本获得可依赖、有效率、可持续的能源。FERC 主要拥有以下权力:市场准入审批、价格监管、受理业务申请、受理举报投诉、行使行政执法与行政处罚、就监管事务进行听证和争议处理等。

具体来说,FERC 负责州际之间电力、天然气及石油的输送;审核 LNG 终端站的建设计划和州际天然气管道的铺设计划;负责颁发水电站项目的许可证等。其中,对州际电力的输送以及石油和天然气管道贸易的管理是联邦政府的关键任务之一,因为它关系到整个石油和电力产业能否维持一个有效竞争的市场。

FERC 虽然行政上隶属能源部,但 FERC 主席是由总统提名经国会批准的。为了保持其规制的独立性,委员会实行自筹自支,其经费不是来自联邦预算,而是通过向其所规制的企业收取年费来支付其运行成本。FERC 的所有决定由联邦法院审议,而不是由美国总统和国会审议。委员会主席由总统提名,国会批准,任期 5 年。委员会共有 5 名委员,下设 6 个专业监管办公室,总计有各类专业人员 1 200 名左右。委员会的职员由能源开发各领域的专家构成,并分属若干办公室。

管道项目的认证流程主要包括环境与非环境两个方面的审查和分析,两者是同步进行的,如图 1-9 所示。其主要考察因素包括土地、工程、社会影响等多个方面。

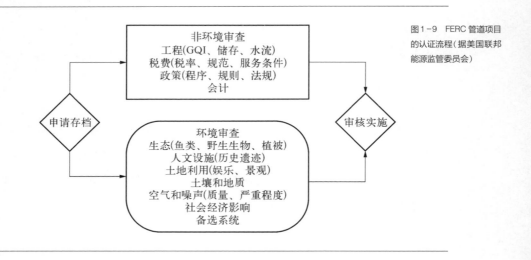

图 1-9 FERC 管道项目的认证流程(据美国联邦能源监管委员会)

③ 美国环保署

美国环保署(Environmental Protection Agency, EPA)负责与页岩气开发相关的环境问题,审查大多数的与页岩气相关的联邦法律,监管水问题,如水处理和循环、水的处置等(依据《清洁水法案》及《饮用水安全法案》),地面环境影响评估和监管、空气排放(依据《清洁空气法案》)和废物(依据《资源保护及再生法案》及《综合环境响应、补偿和责任法案》)。具体工作进展如下。

2010 年 11 月,EPA 出台了气体排放数据收集管理规定,覆盖了超过 80% 的石油和天然气生产过程的气体排放,包括 22 项具体的石油和天然气生产过程中的气体排放数据收集方法。

2011 年 8 月 23 日,EPA 针对石油和天然气行业提出了新污染源执行标准(NSPS)和危险性空气污染物国家排放标准(NESHAP),其中包括针对水力压裂气井制定的第一个联邦空气标准。该标准基于业已证实的技术,将回收通常排放到空气中的天然气、降低有害的大气污染,同时可以实现持续的油气生产增长。

2011 年 9 月,EPA 发布了关于水力压裂与饮用水研究的草案,并计划于 2012 年末发布第一个报告。其余的部分计划于 2013 年正式发布。

2011 年 11 月,EPA 宣布将《有毒物质控制法案》视为制定化学品披露规范的基础之一。

2012 年 4 月,EPA 提出了在某些油气生产上实施 VOC 排放限制的规定,其中就包括水力压裂。

2012 年 5 月,基于对宾夕法尼亚州地下水的测试,EPA 提出在水井中并没有找到与水力压裂有关的不安全的化学品。

2011 年 4 月,美国国会的报告发现超过 3 270 万加仑①的柴油燃料的液体被用于压裂。因此,2012 年 5 月 4 日,EPA 提供了一个关于使用柴油燃料的水力压裂许可的规范草案,以澄清公司如何能够遵守《能源政策法案》(2005 年)修正案,以及安全饮用水法,因为后者豁免了柴油作为压裂液支撑剂,则水力压裂作业无须获得 UIC 许可,并于 2013 年冬天出台最终的规范文件。

① 1 加仑(US gal)=3.785 升(L)。

④ 美国内政部－土地管理局

美国内政部（Department of the Interior，DOI）主要负责油气矿权管理和在联邦土地上对页岩气勘探开发进行监管，包括勘查区块租赁、环境评估、开发许可及环境监察等。

具体来说，土地管理局（Bureau of Land Management，BLM）根据《1920 年矿物租赁法》的授权负责租赁和管理 2.58 亿英亩①美国联邦政府持有的土地表层下的矿产产权、5 700 万英亩产权分割土地表层下的矿产产权（这些土地的地表权多数为私人所有），以及 3.85 亿英亩由其他联邦政府机构（如联邦森林服务局）管理的土地表层下的矿产产权。每年获得 27 亿美元的特许使用费，其中 1.25 亿美元用于资助 6% 的国产油和 14% 的国产气。根据美国政府的勘测结果，上述总计约 7 亿英亩的土地中大约一半面积土地的表层之下含有油气资源。

根据上述法律的要求，美国联邦政府对陆地矿产资源发展主要从以下五个方面进行管理：土地用途规划、地块提名以及租赁、钻井许可及开发、运营与生产、填平与复原。BLM 通过在土地使用计划以及环境审核过程中引入公众参与的方式来确保开发过程的效率及对环境的充分保护。

BLM 的管理方式有以下 5 种。

（a）土地用途规划

土地用途规划的目的是维持公共土地使用与资源保护的平衡。BLM 根据《1976 年联邦土地政策与管理法》与《1976 年土地用途法》进行土地用途规划。在实施土地用途规划过程中，土地管理局吸收各州政府、公众、相关权益团体的意见，制定资源管理计划，作为公共土地的使用指引。土地管理局一般将具备同类资源特征的土地划为一个区域，按区域为所管理的公共土地制定资源管理计划。公共土地的用途包括向公众提供能源、矿产等资源，提供交通及能源运输的通道，提供各类娱乐用途以及为各类物种提供栖息地等。

（b）地块的提名及租赁

凡是资源管理规划中确认为可用于租赁的地块都可以用于提名租赁。个人或者

---

① 1 英亩（acre）＝ 4 046.8 平方米（m^2）。

公司均可以向土地管理局提交租赁矿权的书面提名申请。土地管理局审核确认申请的地块符合土地用途规划，并将资源管理规划中的条件加入租约后，将提名的地块租约对外拍卖。

联邦土地的租赁一般首先通过竞争性拍卖的方式进行。土地管理局各地的分支机构一般每季度举办一次矿权租赁拍卖会。在有较多土地提名的地区拍卖次数会更频繁一些。成功竞拍到土地的租赁方取得勘探及钻井的权利后，可以抽取地块地表下所储藏的油气资源。根据《1920年矿物租赁法》的规定，油气资源的租约期限一般为十年，但在有至少一口井维持商业产出水平期限内租约继续有效。

（c）钻井许可及开发

在签署租约之后，承租人在钻井或者进行其他破坏地表的活动之前首先需要向土地管理局申请许可。申请人需向土地管理局提交钻井许可申请（Application for Permit to Drill，APD）。APD中需要详细说明申请人遵循土地管理局关于油气勘探、开发过程中所应遵守的标准和规定。

土地管理局对钻井许可申请的审核第一步是专业人员的现场检查。土地管理局专业人员的现场检查帮助土地管理局识别和评估钻井可能产生的潜在环境影响，并确定是否需要附加批准条件。

土地管理局现场检查办公室负责协调相关政府部门对钻井申请的联合审核。相关政府部门会对钻井许可申请相关内容是否符合适用的法律法规要求（包括《国家环境政策法》《国家遗迹保存法》和《濒危物种法》等）进行评估。

钻井许可申请经土地管理局批准后其有效期为两年或者租约到期两个期限中的较短期限。承租人可在许可有效期内根据市场条件或者其他相关因素决定是否钻井。

（d）运营及生产管理

在发放钻井许可后，土地管理局在承租人的建设及营运过程中会进行定期检查，确保钻井许可申请所附的各项条件均已得到落实。在初期检查中，检查人员会在表层动工之前标识基准情形；在建设阶段的检查中，检查人员会评估施工对表层的破坏是否在许可规定的范围之内；在钻井阶段的检查中，检查人员会评估营运的安全与清洁程度。土地管理局除进行定期检查外，还要求营运方建立内部检查机制，识别不符合规定的情形并采取内部纠正措施。

在油气井生产阶段,土地管理局至少每三年检查一次生产设施。若地表层归属森林服务局管理,其也会进行类似的检查。检查重点包括评估油气井是否会产生潜在健康和安全问题,与其他资源之间是否存在潜在冲突等。土地管理局的检查人员通常由石油工程技术人员或者自然资源专家担任。现场检查后,检查人员会通知营运方是否存在违反租约条款或者钻井许可申请内容的情形。

(e) 地表复原

地表复原贯穿油气资源开发和生产的全过程。在油气井建设开始之前,在 APD 申请人提交的营运地表使用计划中,必须包括复原计划。复原计划在建设开始之前应取得土地管理局的批准。在油气生产过程中营运人应进行部分的复原。复原的最终目标是实现生态系统的重建,包括重建植被、水系及野生动物栖息地等,如图 1 - 10 所示。

图 1 - 10
页岩气生产
和恢复阶段
对比(据中
国能源网研
究中心)

土地管理局会持续对有关复原情况进行检查。在复原和撤离过程中,检查人员需确认钻井是否得到适当充填、复原方式是否适当等。在复原工程结束后,检查人员需检查复原的各项指标,评估合格后,土地管理局方可批准该地点的撤离通知。

(3) 美国州级政府的页岩气监管综评

① 州级政府在监管体系中的职责与作用

在州的层面上,联邦政府只提出各州监管机构可以制定本州的环保法规,但是必须符合联邦环保法案的大原则,并且对环境保护的力度不能弱于相应的联邦法案。同时,授予各州相应机构以适当的监管职能。

这些州机构通常根据本州的特点,在联邦法案的基础上,添加其他的环保条款,特别是关于油气开采的环保条款,形成各具特点的州一级的环保法规。此外,州机构还需要对本州土地上的页岩气开采行为进行全过程的监督管理,以保证其满足环保法律法规的合规要求,包括发放钻井许可证及其他许可证、现场巡查、违规处罚等。

页岩气开发的主要监管责任在州政府一级。州政府既要遵守联邦环保法规的管理,又要编写和执行各州所订立的规则,这些规定几乎涵盖了所有的油气运营阶段。此外,地方性法规也受州政府控制。在一般情况下,适用于页岩气的规定也适用于页岩油,因此作为一个协调监管机构和业界代表的组织,STRONGER 能够定期检查个别州的法规,完善油气规则。

近期,各州的监管活动主要集中于化学品披露、空气保护、废物和水保护、道路问题、区域划分以及其他可减少环境影响的方面。

目前,已有超过 16 个州通过了页岩气开发的指导规范,分别是加利福尼亚州、阿肯色州、科罗拉多州、伊利诺伊州、路易斯安那州、蒙大拿州、密歇根州、北卡罗来纳州、北达科他州、俄亥俄州、俄克拉何马州、宾夕法尼亚州、得克萨斯州、佛蒙特州、西弗吉尼亚州和怀俄明州。

此外,科罗拉多州、堪萨斯州、路易斯安那州、密歇根州、蒙大拿州、纽约州、俄亥俄州、宾夕法尼亚州、得克萨斯州及西弗吉尼亚州等 12 个州还规定了化学液体披露制度,要求将有关信息报告给 FracFocus 网站或者州立公共数据库。

② 各州的监管能力与手段

除了页岩气法规的完备性,执法人员的素质和能力也是衡量政府监管能力的重要指标,具体包括工作人员的数量,检查、违规的次数等。

得克萨斯大学奥斯汀分校收集了全美 16 个州在 2008—2011 年页岩气监管执法人员的数量及其巡查次数进行研究,并将以下参数列入评估。

ⓐ 活跃的页岩气、致密砂岩以及页岩油井的数量;ⓑ 政府在现场督查的次数;ⓒ 检查员的人员数量、负责页岩气井的人员数量;ⓓ 实地检查的数量;ⓔ 专门律师开展的页岩气执法活动的数量。

他们发现,得克萨斯州在上述参数上均具有最高的数值,被认为是全美监管能力最强的州。事实上,得克萨斯州土地上拥有超过 39.6 万口油气井,全美排行第一。得克萨斯州铁路委员会(Texas Railroad Commission,TRC,也称RRC)作为其最主要的页岩气监管机构,每年进行11.4万次现场检查(图1-11),处理700次投诉,监察超过1 500次泄漏,鉴定超过1 600次表层套管和超过5 200口井堵塞。面对高强度工作量,RRC有时也会考虑聘请专门的服务公司参与监督,从而更好地协调自身工作时间。

图1-11 页岩气监管部门对生产过程的定期检查(据中国能源网研究中心)

　　一般来说,多数违规行为属于程序性的,而非对环境产生显著影响,因此组织页岩气企业(特别是中小企业)开展对监管法律法规的学习和宣传,就显得尤为必要。得克萨斯州环境质量委员会就采取了类似的办法,来降低页岩气开发过程中程序性违规出现的次数。

　　在宾夕法尼亚州,目前州环保部门共有3 000多名工作人员,分布在全州16个办公室(6个主要办公室),其中约202名工作人员专门负责天然气监管,他们要求拥有三年以上的油气领域工作经验,拥有地质、水质量方面的教育或工作背景方可入职。

　　2)矿权监管

　　世界上大多数国家矿产资源均为政府全资拥有。即使地表土地为私人所有,地下矿产资源也归政府所有,必须在获得政府批准后,才能合法进行开采。然而在美国,情况有所不同。美国的土地,无论地表还是地下资源,既可以为政府所有,也可以为私人拥有,包括私营企业或个人。

事实上,美国的陆上土地中,相比政府,个人拥有的土地分布最广:76%为私人土地,8%为州政府土地,16%为联邦政府土地。同时,绝大多数土地的地表所有权是与地下矿产资源所有权一致的,私人土地中只有14%的土地地表所有权属私人,地下矿产资源所有权属联邦/州政府。这一现状,造就了美国独特的矿权管理体制。

总体来说,美国的页岩气矿权管理,大体上可分为两个步骤。首先,页岩气开采企业与矿权拥有者(政府或者私人)签订矿权租赁协议,达成商业上的相关条款,获得矿权,此过程一般耗时数周到数年不等;接下来,企业从联邦政府或州政府相关管理机构申请钻井许可证,确保各类法律法规的合规要求,获取钻井开采权利,此过程一般耗时数周到数月不等。

(1)矿权租赁

在美国,土地拥有者有权利将矿权进行转卖或者出租。出于各种原因(资源拥有量的不确定性、购买价格过高或土地属于政府所有等),页岩气开采公司一般不会购买土地,而是采取租赁的方式,获取一定时期内对地下资源的探矿采矿权(图1-12)。

图1-12 美国矿权租赁现场(据中国能源网研究中心)

在矿权租赁协议中,通常包括特权使用费(Royalty)、租金(Rent)、红利(Bonus)以及其他有关开采、续约的具体条款。在有些情况下,红利被认为是租金的一部分,合并在一起核算。其各自定义和BLM制定的对于公有土地的标准如表1-3所示。

表1-3 矿权租赁协议中涉及的主要费用(据中国能源网研究中心)

费 用 介 绍	费 用 标 准
特权使用费是矿产开采人因开采不可再生矿产资源而向矿产资源所有人支付的一种具有赔偿性质的财产性权益,一般在进行到生产阶段后,以权益产量分成的形式支付	特权使用费比例不少于收益的12.5%;联邦政府收取后,一般按照50%归属土地所处州政府,40%拨付复原基金,10%归联邦政府财政的比例对收入进行分配
租金是矿产开采人对于租让土地的使用费用,一般按年支付,按照区块面积计算	年租金前5年为每英亩1.5美元,之后为每英亩2美元
红利是可租让矿产招标让渡矿权时的标金收入,一般在签订协议时一次性支付,同样按照区块面积计算	红利不少于每英亩2美元

① 公有土地

对于公有土地,政府是矿权所有者。若要在其土地上进行页岩气开采,必须先和政府相关机构签订矿权租赁协议,获得矿权。若为联邦政府公有土地,主要负责机构为美国内政部下属的土地管理局;若为州政府公有土地,主要负责机构为各州专门的政府部门或委员会,名称各有不同,但均为州一级的政府机构。

州政府公有土地与联邦政府公有土地的矿权租赁程序较为类似,由于前者占比非常小,下面仅以后者作为代表进行深入探讨。

联邦政府公有土地的矿权租赁分为两种形式:竞争性竞标与非竞争性竞标。对于页岩气而言,美国国会于1987年通过的《联邦陆上油气资源矿权租赁改革法案》规定,所有油气资源的矿权租赁,都必须通过竞争性竞标进行;只有流标的土地才可以使用非竞争性竞标。

竞争性竞标每个季度进行一次,土地管理局一般会提前45天发出公告,并给出招标区块的具体信息。值得注意的是,除去土地管理局圈定的区块,也可由任何公众向土地管理局提出其感兴趣的区块。在美国大陆本土,招标区块的最大面积为2560英亩(约合10 km²);在阿拉斯加州,招标区块的最大面积为5760英亩(约合23 km²)。

美国《矿权租赁法案》规定,在竞争性竞标中,矿权应该转让给出价最高的承租人,由此体现公允的市场价值。租赁期限一般为 10 年,到期后若仍有产量,则自动续租。

在租赁协议中,一般会对双方的权利和义务进行约定,包括租金、权利金、红利的支付方式和数额;开采区范围及面积;矿区内车间、厂房、设施等建设;矿业企业的劳动安全、环境保护、土地恢复;租约期限、解除、违约等内容。

土地管理局对公有土地的租金、权利金及红利都进行了相关规定,目前的标准为:权利金比例不少于 12.5%;年租金前 5 年为 1.5 美元/英亩,之后为 2 美元/英亩;红利不少于 2 美元/英亩。

非竞争性竞标适用于在竞争性竞标中流标的公有土地,在流标日之后 2 年内,任何企业均可向土地管理局提出租赁需求,并采取"先来先得"的原则。非竞争性竞标的区块最大面积为 10 240 英亩(约合 41 km^2),除此之外,其他要求及规定都和竞争性竞标相同。

总体来看,政府的目的在于推动页岩气行业的健康有序发展,促进资源的有效合理利用,并不在于盈利,因此其收取的权利金及红利水平相对来说并不算高(表 1 - 4),特别是与后面将会提到的私有土地的水平比较而言。

表 1 - 4 美国典型州页岩气区块(公有土地)的权利金及红利现状(据中国能源网研究中心)

州	法定最低特权使用费率	特权使用费率范围	红利/(美元/英亩)
西弗吉尼亚州	12.5%	无	无
宾夕法尼亚州	12.5%	12.5%~16%	2 500
纽约州	12.5%	15%~20%	大约 600
得克萨斯州	12.5%	25%	350~400(特拉华盆地) 1 200(特拉华河流域)

② 私有土地

对于个人私有土地,此步骤相对来说更为简单高效,并不需要政府部门的过多介入。页岩气开采公司只需要直接与矿权所有人接触,协商具体条款,并签署租约即可。和公有土地的情形类似,页岩气开采公司也需要向矿权所有人支付权利金、租金及红利。

开采公司首先需要向矿权所有人一次性支付一笔红利,以保留在一定时期内租用勘探的权利。若勘探后,发现地下页岩气资源量达到商业化量产的要求,公司会进一步进行开发生产。产生产量之后,开采公司开始向矿权所有人支付一定比例的产量分成,以作为权利金。

租约一般分为一期和二期。一期通常期限为 3~5 年,在期限到期时,如果开采公司还没有产生产量,则将自动失去租约;二期相当于中国的开采期,一般没有年限,直到资源开采尽为止。

美国很多州的政府机构并没有对于私有土地矿权租赁的权利金、红利、租金等作出具体要求,因此其价格主要由市场条件决定。在这些州,影响价格水平的最重要因素是页岩气产量的确定性。在属于开发早期的区块,协议签订的红利和权利金的金额相对较低,以此充抵产量的不确定性。当页岩气的大规模开采被证实可行后,红利和权利金的金额便随着开采需求的增大而提高了。一般来说,已探明、已开发、正在进行生产的区块的价格最高。以切萨皮克公司为例,在美国页岩气开发最为成熟的 Barnett 区域,其支付的红利为 12 900 美元/英亩,权利金为 25% 的产量分成;而在 Marcellus 区域,其支付的红利为 610 美元/英亩,权利金为 15% 的产量分成。

在另一些州,相关机构通过区域法规,设定了权利金的最小比例。例如宾夕法尼亚州出台了《最低权利金法案》,要求开采公司支付给私有矿权所有人的权利金比例不得低于 12.5% 。

私有土地的权利金及红利水平相对公有土地更高,但也一直处于发展变化过程中。在行业发展初期,由于参与公司很少,并且基础及配套设施匮乏,因此红利及权利金水平一般非常低,由此可以激励更多的页岩气公司参与开采,推动行业的快速发展;随着行业渐渐成熟,红利及权利金水平逐渐提高。以 Marcellus 区块覆盖的纽约州为例,1999 年,开采公司须支付给私有土地所有人的红利仅为 5 美元/英亩,权利金为 12.5% ,在这种价格的吸引下,该地的页岩气开采公司从当年的五六家迅速发展到如今的近 50 家。而今天在纽约州,红利提升到 3 000 美元/英亩,权利金涨到 15%~20% (表 1-5)。

州	特权使用费率范围	红利/(美元/英亩)
西弗吉尼亚州	12.5%~18%	1 000~3 000
宾夕法尼亚州	17%~18%	2 000~3 000
纽约州	15%~20%	2 000~3 000
得克萨斯州	25%~28%	10 000~20 000

表 1-5 美国典型州页岩气区块(私有土地)的权利金及红利现状(据中国能源网研究中心)

③ 矿权分割的土地

美国大约有14%的土地地表所有权属私人,地下矿产资源所有权属联邦/州政府。针对这种类型的土地,土地管理局及各州相关机构出台了对应政策。

原则上,地下资源所有权优于地表所有权。也就是说,地下资源所有者(联邦/州政府)可以将土地租赁给开采公司,用于矿产资源开发。但在此过程中,地表土地所有者(私人)可针对土地"不合理的侵占和损害"协商地表损害的补偿费用。针对上述情况,对于这类矿权分割的土地,租赁协议必须满足以下条件之一:具有地表租赁协议,即地表土地所有者书面同意地下资源所有者开采地表以下的矿产资源;开采公司对于损失的偿付,即执行不低于1 000美元的公司债券。

(2)钻井许可

在页岩气开采公司与矿权拥有者签订完成矿权租赁协议,取得矿权之后,接下来必须向相关部门申请钻井许可。在获得钻井许可之前,开采公司禁止进行任何钻井作业(图1-13)。根据土地的属性,钻井许可的审批部门各不相同。

图1-13 页岩气钻井示意(据中国能源网研究中心)

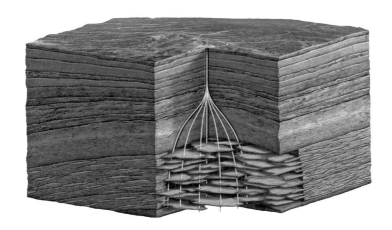

① 公有土地

对于联邦政府公有土地,这一环节的主要负责机构仍然为美国内政部下属的土地管理局。同时,由于部分公有土地的地表属于国家公园,因此美国农业部下属的森林管理局也对涉及其管辖范围内的、由于钻井勘探造成的地表破坏行为进行监督管理。

开采公司在进行钻井作业前，需要按照规定格式向土地管理局提交一份完整的钻井许可申请，其中所含的材料主要包括：一份钻井测绘图、一份钻井方案、一份地表使用方案以及其他相关表格及资料。其中，测绘图必须由具有资质的测绘机构制作，其目的在于确保开采公司的钻井作业在其租赁的土地范围内；钻井方案必须包含足够详细的技术、工程建设、环境影响等细节，以便于管理机构作出准确的评估；地表使用方案必须包含钻井平台基础设施及道路的工程建设细节、地表资源及地下水的管理、废弃物的处置、地面复垦等信息。

联邦相关法案规定，土地管理局在企业提交钻井许可申请后，必须在 10 天以内告知企业所提交材料是否完整；必须在 30 天以内批准其申请，或者告知企业未获批准的原因以及需要采取的改进措施。批准结果的有效期为 2 年，到期后企业可要求再延长2 年。

当公有土地的地表部分属于国家公园时，土地管理局不对材料中的地表使用方案进行审批，改由森林管理局进行审批，并将审批意见告知土地管理局，这一过程最多可能需要 105 天。

总体来看，土地管理局对于钻井许可申请的审核，主要考虑因素在于是否合乎各项法律法规，以及是否对环境进行足够的保护。在批准申请前，机构工作人员通常会到现场进行实地巡查。另外，土地管理局还要求企业提供一定金额的债券或其他方式的金融担保，以此担保钻井作业过程中的行为合规性，以及复垦的资金来源。

② 私有土地

对于个人私有土地，这一环节的主要负责机构为各州相关管理机构。这些机构对于其疆界内的私有土地上的页岩气开发活动进行监督管理，审批发放钻井许可，以此确保满足联邦及本州的相关法律法规要求。

无论是钻井许可申请的流程，还是申请材料的具体要求，私有土地和公有土地并没有太大的差异，仅仅是管理审批机构不同而已。

此外，值得注意的是，在某些州，即使已获得州一级相关机构批准的钻井许可，如果要进行钻井作业，还需要额外获得区域性水务管理机构颁发的许可。这类机构多归属联邦政府，负责保护整条流域的水资源，并监管水资源的利用。例如，特拉华河流域管理委员会的管理范围横穿了纽约州、宾夕法尼亚州、新泽西州及特拉华州等区域，在这些地区,页岩气开采企业如果想从水域中取水进行钻井作业,必须向该委员会提出申请并获得许可,否则将可能受到处罚。

3)开发过程中的环境监管

(1)主要联邦法律

页岩气在美国的环境监管框架是基于保护空气和水。在美国,地表水资源受到《清洁水法案》的保护(表1-6)。《清洁水法案》的主要目标是为保障美国渔业和人类游泳的安全。联邦环境保护署(Environment Protection Agency,EPA)依据《清洁水法案》行使污水排放的管理权。任何涉及污染物向地表水排放的工业活动均须通过《国家污染物排放消除系统》(National Pollutant Discharge Elimination System,NPDES)来管理。据此,任何相关设施必须取得用于污染物排放的许可证。NPDES 是根据特定的工厂设施和特定的流域来管理的。许可证的限制是基于相关控制污染物的技术与接受污染物的地表水水质标准来决定。石油和天然气开采污水的指导方针和标准同样遵照 NPDES 许可证的过程。但值得一提的是,在建设和生产时期,石油和天然气运营商有雨水排放的豁免权。环保署研究了一个新的提案专门解决非常规天然气开采中所产生的相关废物。新提案于 2014 年出台。现 NPDES 的许可证涵盖页岩气开发中的一系列污水排放过程,如产生的水和沙、回流水、钻井液和岩屑、井治理以及修井和完井液。

表1-6 美国联邦监管豁免、改进及其后果(WRI,2013)

监管条例	描　述	后　果
《2005 能源政策法案》	在《安全饮用水》中排出水力压裂	运营者无须为水力压裂申请《安全饮用水法案》中《地下水注入控制》的许可证——此被称为"切尼-哈利伯顿漏洞"
《资源保护和回收法案》C 部分	从危险废物处置限制中豁免压裂及钻井勘探和生产所产生的废物	页岩气中开采所产生的废物仅须遵守当地和州的规定,缺乏联邦监督
《紧急事件准备和社区知情权法案》有毒物质排放清单	免去石油和天然气开采报告废弃物的清单	除非当地或州的法规要求它,没有透露关于水力压裂和页岩气开发中使用的化学品的信息
《清洁空气法案》114 部分　温室气体报告制度	要求任何排放超过 25 000 t 的二氧化碳当量的石油和天然气"设施"报告温室气体的排放("设施"被定义为,在一个油气盆地里,一个单一实体所拥有的和运行的所有油气井)	单位报告油气"设施"的总温室气体排放量;联邦政府会依据单位提供的排放量来估算整个油气行业的排放量

（续表）

监 管 条 例	描 述	后 果
《清洁空气法案》112（n）（4）部分	防止联邦环保署将所有的石油和天然气基础设施合计为一个单一的进行监管	从井、管道、存储罐以及其他渠道泄漏的有害气体也许能形成一股显著的但未加管理的排放源
《新建污染源实施标准》和《有害空气污染物国家排放标准》	改进后的国家标准将减少完井后挥发性有机化合物95％的排放量	新井将是"绿色完井"，不会排放任何甲烷。根据世界资源研究所的分析，同时还有其他办法可以进一步减少页岩气开采过程中温室气体的排放

因为页岩气开发中产生的废水也可能最终通过公共下水道或污水处理设施进入地表水，环保署有相应法规要求预处理任何可能间接排到地表水中的污水。

《安全饮用水法案》（Safe Drinking Water Act，SDWA）作为《清洁水法案》的补充，致力于保护现有及潜在的饮用水地下水的来源。作为《地下注入控制计划》的一部分，美国环保署执行《安全饮用水法案》，管理石油天然气开采中产生的废弃物与返排水。

需注意的是，虽然地下水和地表水保护的立法在联邦一级，但在许多情况下，联邦环保局已给予相应的州一级机构代为执行其管理条例的权力。那些没有显著石油和天然气开发的州通常会由选择联邦环保局来管理其区域内《清洁水法案》和《安全饮用水法案》的许可证过程。那些有权允许石油和天然气活动的州，他们也必须至少像联邦政府那样严格。在某些情况下，州地区的规定比国家环保署强制执行的联邦法规更具有保护性。比如联邦环保署调查了一个在宾夕法尼亚州水力压裂液的泄漏事件，此泄漏违反了《清洁水法案》。但是，最终是由宾夕法尼亚州监管机构要求运营商支付罚款，并开始监视此河流。

由于对水力压裂技术的担忧，美国环保署进行了一项研究以评估其对饮用水的潜在影响。这项研究包括实验室研究，即通过对水质的案例分析来识别与水力压裂相关过程对水质所带来的风险。该研究通过五个具体案例来评估现有活动并预测未来发展相关的影响。

页岩气开发造成的环境影响尚未被全部了解，其中部分原因是缺乏相应的监管措施和信息披露机制。美国一些州也正在对页岩气开发的一些环节加强监管。事实上，美国的纽约州和特拉华流域管理委员会已开始暂停使用水力压裂法，并对页岩气开发所带来的环境影响进一步深入研究;而其他的州,如宾夕法尼亚州、伊利诺伊州、科罗拉多州和得克萨斯州等则围绕页岩气开发的各个方面制定了更多的监管措施。

(2)州政府环境监管的措施

在下面的内容中,我们将了解美国的一些州政府如何对页岩气的环境风险和环境影响进行监管和控制。

① 许可证申请和政府持续监控项目

许可证申请和政府的持续监控可以帮助监管机构了解页岩气开采项目的基本信息,对页岩气开发所产生的环境影响进行监管,并对自然资源的开发利用进行管理。

ⓐ 许可证申请

在美国伊利诺伊州填写许可证申请表时,需要详细描述项目说明和环境管理计划。其环境管理计划包括:场址的防护距离,拟建水平井水力压裂作业的详细说明,其中包括新井范围内先前已知的井眼信息,压裂液等化学品的信息披露报告,《1983 年水资源使用法》合规证书以及相关的区域供水计划,淡水回收和管理计划,水力压裂液和返排水的处理、储存、运输、处置或再利用的计划,气井现场安全计划,辅助围堰计划,套管和固井计划,交通管理计划以及恢复气井现场的正式声明和保额不低于 500 万美元的保险证明。为了确保各企业具有足够的资源能够处理所有负面的环境影响,页岩气开发企业还必须为每口气井支付 5 万美元的保证金,或支付 50 万美元的总括保证保险和一定的许可费用。

ⓑ 开发前期评估和持续监控项目

伊利诺伊州要求政府监管指导整个开发流程,其中包括开发前期评估和持续监控。开发前期评估包括评估页岩气资源,以及页岩气对土地、水资源和地震活动产生的潜在影响。

持续报告是指首次开展压裂项目两年之后提交一份初步报告,随后每三年提交一份后续跟踪报告。此类报告必须提供以下信息:压裂项目许可证数量;页岩气开发井场地图;指出已掌握大容量水平钻井水力压裂作业相关的最新科学研究、最佳实践和技术改进,以及环境保护和公众健康保护方法;所有经确认的环境影响报告,包括但不限于有关水力压裂返排废水、水力压裂液和水力压裂添加剂的所有可报告版本;经确认的公众健康影响报告;向压裂项目企业征收的费用或税费所产生的收入与页岩气开发监管成本之间的对比;对大容量水平钻井水力压裂作业的现有相关项目、实践或规则修改的描述;相关部门在实施和管理此法案条款的过程中发现的所有问题;围绕解决报告中所涉及问题提出的任何立法建议。

② 气井场址的选择和基础数据的测试

由于页岩气的气井和基础设施一旦定位,无法另行迁移,并且页岩气开发产生的诸多负面影响与气井位置紧密相关。即便最严苛的法规,也无法完全消除环境破坏风险和公众健康风险,所以选择正确的气井场址至关重要(图1-14)。

图 1 - 14
美国井场鸟瞰(据中国能源网研究中心)

ⓐ 禁止开发的区域

伊利诺伊州法律规定,除其他水资源以外,自然保护区、河流、湖泊和水库以及公共水源地表水和地下水的进水口均在法律保护范围内。

ⓑ 防护距离的设置

大量证据表明,距离气井越近,污染越严重。因此,为了保护环境和确保人类健康,必须在居民区和水域设置防护距离。

在美国,对于建筑物和水源,现已制定两项通用的防护距离法规。例如,美国目前至少有 20 个州明确规定,建筑物防护距离须保持 100～1 000 ft[①],平均距离为 308 ft,其目的在于保护这些区域免受空气、水源、光线和噪声等方面的负面影响。

在美国有 12 个州规定了地表水和气井的防护距离。其中,有 9 个州明确规定,与城市水源的防护距离最大可达 2 000 ft,平均距离为 334 ft。

例如,伊利诺伊州法律明确规定,各企业不得在以下范围内申请建立气井:距住宅、学校、医院 500 ft;距人类或动物的现有饮用水井 500 ft(遵循相关豁免条款);距自然保护区 750 ft;距公共水源地表水和地下水的进水口 1 500 ft,这还不包括其他指定的区域。

ⓒ 水质基线测试

水质污染是石油和天然气开发导致的最严重的环境和公众健康风险之一。但是由于缺乏水质基线数据,很难量化这种开发产生的整体影响,且很难明确指出任何特定压裂开发和水质变差之间的因果联系。这样一来,导致相关方很难采取有效的预防措施和/或补救措施。有时,甚至还有可能会引发不必要的公众反对意见。

在美国,有 8 个州要求进行一定形式的水质测试。此外,还有几个州最近已修改水质测试要求,旨在进一步加大管理力度。其中,宾夕法尼亚州的法律规定,如果在页岩气开采场址附近发生了水污染问题,而开发商之前没有做水质基线测试,不能证明污染不是由于开采页岩气所造成的,法律就会判定水污染是由页岩气开采所引起的,这就鼓励页岩气开采企业要在开采前进行水质基线测试。科罗拉多州和爱达荷州也有类似的规定,此外,怀俄明州也提议实施多项法规条例。

例如,伊利诺伊州要求测试以下各项: pH 值;溶解性总固体、溶解甲烷、溶解丙烷、溶解乙烷、碱性和导电率;氯化物、硫酸盐、砷、钡、钙、铬、铁、镁、硒、镉、铅、锰、汞和银;BTEX;阿尔法和贝塔粒子总量(用于确定任何天然放射性物质的存在)。

③ 气井准备、钻探、施工和测试

钻探、套管和固井实践对于长期确保气井的完整性和安全性(特别是地下水的安全性)至关重要。加拿大和美国的若干研究结果表明,固井不合格是一个非常严重的

---

① 1 英尺(ft)=0.304 8 米(m)。

问题,怀俄明州、科罗拉多州、西弗吉尼亚州、俄亥俄州和得克萨斯州等地均因固井不合格导致出现了从套管破裂到巨灾事故等各种问题。

ⓐ 套管和固井测试

套管和固井的测试和监控同样重要,各州对此流程的各个方面制定了相关的法规。

例如伊利诺伊州的法律规定,所有表层套管柱、中间套管柱和生产套管柱均必须进行水泥抗压强度测试。所有测试均根据美国石油协会现行标准进行,且计算得出的水泥抗压强度不得低于 500 psi①,72 h 的抗压强度不得低于 1 200 psi,每 250 mL 水泥的自由水分离量不得超过 6 mL。

ⓑ 保护地下饮用水资源

气井施工不当,经常被认为是导致地下水污染的确凿原因或潜在原因。除了测试要求以外,几乎所有州均对套管和固井的各个方面进行了相关规定,其中包括气井套管必须延伸和紧固的深度。例如,在伊利诺伊州要求"各企业应采用表层套管,且深度不得低于 200 ft,或至少在最深的淡水基地以下 100 ft(以较深者为准),但不得超过最深的淡水基地以下 200 ft,且不得触及任何含烃区",水泥和水泥浆的制备必须符合美国石油协会规定的各项要求。

各州也会对其他许多方面加以规范。例如在伊利诺伊州,各企业必须确保始终有效控制气井,防止石油、天然气和其他液体泄漏至地下淡水层和煤层中,并防止地下淡水污染或水量减少。除其他各项要求以外,套管、套管螺纹配件及其使用、水泥和水泥浆制备等各个方面均必须完全符合美国石油协会颁布的现行行业标准。此外,水泥还必须保障井眼中套管的安全性,隔离和保护地下淡水,并隔离压力异常区。

④ 用水规划和废水管理、储存、处理和处置

ⓐ 用水规划

压裂作业需要大量用水(例如在宾夕法尼亚州的马塞勒斯,每个气井大约需要38 000 000 加仑水),因此在开发气井之前,必须仔细审视河川径流的水量流失和地下水枯竭、含水层存储容量锐减、水质恶化、鱼类和其他水生生物减少等现象带来的影

---

① 1 磅/平方英寸(psi) =6. 895 千帕(kPa)。

响,并对其进行相应的规划。

在美国,伊利诺伊州颁布的法律采取主动方式进行用水规划,旨在审查"潜在的水资源冲突,避免对任何人造成损害,并制定相应的法规,缓解水资源短缺矛盾"。例如,该州的法律要求作业方向相关监管机构提供足够的用水信息,并规定此类机构有权建议限制使用这类水资源。此外,该法律还规定,必须"合理使用"水资源。

特别要指出的是,上述规定意味着作业方必须提交该州的《1983 年水资源使用法》的合规证书和相关的区域供水计划。此外,还须提交淡水回收和管理计划,并提供有关"大容量水平钻井水力压裂作业中所用水资源的所有来源,以及各水源的具体位置,包括但不限于县名和经纬度"的数据。

ⓑ 废水管理、储存、处理和处置

每年在井场准备、钻探、水力压裂和作业期间,压裂都会产生数百亿加仑废水。除操作人员在压裂过程中注入的化学物质以外,这些废水还有可能包含有毒物质,其中可能包含碳氢化合物、重金属、氯化钠和自然产生的放射性物质。若此类废水的管理、处理和处置不当,可能会导致人类、鱼类和野生动植物面临有毒化学物质、放射性化学物质或致癌化学物质以及消耗受水区氧含量的化学物质的威胁。

美国法规明确规定了废水的信息披露要求和实质性要求。例如伊利诺伊州的法律规定,作业方必须提供"从气井回收的水力压裂返排废水量"以及"从气井回收的水力压裂返排废水的处置和再利用说明"。此外,伊利诺伊州的法律还规定,"严禁排放水力压裂液、水力压裂返排废水,严禁将采出水排入任何地表水或排水层。"

在以下两种常规条件下,美国允许上述排放行为:首先要在技术的允许范围内,这就要求各公司根据可行的处理技术达到最低污染物处理水平;其次要确保水质,根据受水区要求的水质,限制污染物的排放。水质限制规定因排放者而异,且可根据当地条件分别制定。国家污染物排放清除系统(NPDES)许可证必须对工厂排放的、可能导致违反州级水质标准的污染物加以限制。另一方面,对于重污染行业,国家通常会颁布技术限制规定。

ⓒ 减少用水并利用循环水

在美国,仅一项水力压裂作业就有可能需要耗费数百万加仑的水资源。在页岩气开发过程中,经常需要从当地水域提取淡水,污染将导致这种水资源很难重新回到水源。减少用水量、提高水资源的再利用率以及回收水资源已成为各企业的重要关注事项。这不仅可以提高页岩气开发的经济效益,而且还可以最大限度地降低常规空气污染,其原因在于"废水排放量减少之后,货车运输以及对废水处理和处置的需求也会相应减少。"

目前在美国,许多在宾夕法尼亚州和得克萨斯州的马塞勒斯页岩地区开展作业的公司都开始回收压裂产生的废水。得克萨斯州规定,必须回收在鹰滩页岩地区产生的废水。此外,得克萨斯州和伊利诺伊等州还出台了废水回收免税规定,宾夕法尼亚州环境保护署(Pennsylvania's Department of Environment Protection,PADEP)已颁发回收压裂废水的通用许可证,旨在促进和监控废水回收。

但是,水资源的回收和再利用并没有达到预期的理想效果。一部分原因可能在于监管机构经常允许作业方取水。尽管此类取水行为将对其他当地居民产生严重影响,但为了最大限度地降低成本,作业方往往会采取这种做法,结果导致淡水使用成本并未纳入作业方的主要成本范畴。例如,在得克萨斯州,作业方仅需为每加仑水资源支付0.01美元,甚至更低的费用,但是在得克萨斯州南部许多农场和牧场的水井早已枯竭。

ⓓ 预防泄漏

废水可能储存在储水池或储水罐中。储水池被认为是石油和天然气作业最常见的污染源之一,是水污染和空气污染的潜在罪魁祸首,将给野生动植物带来巨大的威胁。

在美国有10个州要求公司使用储水罐时至少对某些类型的溶液进行密封储存。伊利诺伊州规定,"在钻探作业、大容量水平钻井水力压裂作业和施工作业的所有各个阶段,作业方必须在废水运走进行妥善处置之前,先将采出水储存在地上储水罐中。"

ⓔ 地下灌注控制项目诱发地震注意事项

在地下灌注水力压裂液可能会诱发轻微地震活动,导致附近的断层遭受重压。如果规划不当,则会引起此类重压。为防止地震活动带来不必要的负面影响,各企业应在钻井之前对断裂层和断层线进行详细的调查研究,且政府监控应对异常的地震活动作出快速响应。

例如,如果质疑水力压裂诱发地震活动,州级地质勘探部门将对具体情况进行评估,然后下达缩小或停止水力压裂作业的指令。在阿肯色州,多个水利压裂作业区现已暂停,等待地震活动的进一步研究。

⑤ 披露压裂液的化学物质

压裂作业将向环境中释放化学物质。例如,爆裂可能会从气井中产生数千加仑增产液。事实上,这已在若干水力压裂作业过程中不断重演。溢出的水力压裂液和其他化学物质也是主要污染源。

事实上,随着公众越来越要求披露相关信息,2010—2012 年,至少有 15 个州明确规定,要求各企业披露压裂井场使用的化学物质,另有 19 个州(包括所有主要产气州)已提议或已制定相关法规。

提前披露预期的增产化学物质,可以最大限度地降低石油天然气行业的成本,而且事实证明也切实可行。例如,怀俄明州 2010 年 9 月颁布的法律规定,要求提前披露所有气井增产的化学物质。如今,这些法规已得到石油天然气行业各成员的广泛拥护。在这些法规实施两年之后,怀俄明州的石油天然气行业继续繁荣发展。

⑥ 甲烷捕获与控制技术和燃烧

当天然气在发电厂燃烧发电时,排放的碳污染远远少于煤炭发电产生的碳污染。但是,天然气的生产将可能排放大量的甲烷。甲烷占天然气总量的 90%,是全球变暖的主要罪魁祸首。以 100 年为例,甲烷造成的太阳辐射至少比二氧化碳高 25 倍。事实上,美国环保署预计,通过排出、泄漏和燃烧产生的甲烷将使天然气体系成为第三大温室气体工业源,相当于 1.447×10^8 t 二氧化碳。因此,控制甲烷的排放量至关重要。

如今,全球具有十大技术合格、商业适用且获利丰厚的甲烷排放控制技术。它们可捕获目前被浪费的 80% 以上的甲烷。这些技术包括:绿色完井技术、柱塞举升系统、三甘醇脱水器排放控制、干燥剂脱水器、干气密封系统、提高压气机维护、低排气或无排气的气动控制器、管道维护和修复、蒸汽回收装置以及泄漏监控和修复。美国环保署预计,美国这些技术的全球社会效益将高达 47 亿美元。

⑦ 适当弃井和开发后的环境影响监控

大多数州均已制定详细的封堵和废弃程序,确保气井不会成为液体和气体从压裂的毗邻气井中迁移的污染渠道。例如,伊利诺伊州的法律规定,作业方在完成压裂作业之后,必须封堵并恢复井眼。此外,作业方占用的任何土地(除井场以外)和生产设备均必须恢复到大致接近钻探前的状况。

4）市场监管

（1）天然气市场监管历史沿革

美国的天然气市场从 19 世纪中叶发展起来，最开始仅限于在开采地所在州内流通。到 20 世纪初，天然气开始在不同州之间运输。州政府开始介入监管天然气的州际运输，规范地方燃气公司的销售价格，主要措施是设立了地方公共事业委员会（Public Utility Commission，PUC）来进行管理，第一批尝试的有纽约州和威斯康星州，它们最早于 1907 年设立了这样的监管机构。

1935 年，美国联邦贸易委员会发布报告，认为燃气公司对公共事业资源过于垄断，少数燃气公司控制了整个中下游市场。因此，国会在 1935 年通过了《公共事业控股公司法案》，控制燃气公司的开采和运输，但并没有涉及天然气的跨州运输销售。

1938 年是美国天然气监管历史上重要的一年，国会制定并通过了《天然气法案》，美国联邦政府开始统一监管州际天然气的运输，负责监管的机构为联邦电力委员会（Federal Power Commission，FPC）。一方面州际建立新的天然气管道需要 FPC 的批准，同时 FPC 还负责监管管道公司的天然气售卖价格。但该法案并没有为天然气上游井口价格设立规定，井口价基本按市场价格浮动。

1954 年，《菲利普斯决议》通过，该决议将上游天然气井口价格也纳入了 FPC 的监管范围。从这一时期开始，政府对天然气销售的各个环节开始了全面管控。决议规定，FPC 对井口价格采取"成本加成"定价的方法，即按照开采的实际成本加上一定的利润空间定价，而非按照市场的供求关系定价。从 1954 年到 1960 年，FPC 试图对每个天然气开采商核定开采成本，确定井口价格，而事实上截至 1959 年，约有 1 265 次的开采企业申请井口价格的费率调整，而 FPC 仅受理了 240 件。FPC 裁定上游井口价格的种种举措演变成了失败的尝试。

1960 年，FPC 开始尝试按照区域设定井口价格，将所有的开采地区划分为 5 个区域。最初，先为每一个区域开采的天然气设定一个平均的合同价格，希望在合同价格时期能为这 5 个大区制定出合理的费率方案。事实证明，直到 1970 年，FPC 仅为其中的 2 个区域设定了费率，而其他的 3 大区域的价格一直维持在 1959 年设定的平均费率的水平。1974 年，FPC 意识到上述分区定价的实践是极为不合理的，被迫开始采取全国统一的天然气"最高限价"的政策。

20 世纪 70 年代,由于 FPC 的最高限价政策,美国面临严重的天然气供给短缺的情况。为解决这一问题,国会于 1978 年通过了新的《天然气政策法案》。新法案规定,FPC 作为曾经的监管机构不复存在,联邦能源监管委员会(Federal Energy Regulatory Commission,FERC)接管 FPC 的所有职能。新法案取消了曾经严重影响天然气市场正常发展的"最高限价",并规定逐步取消对上游井口价格的限制,直至最终在 1989 年完全实现市场化定价。

同时,新法案废除了州内和州际天然气管道运输分别监管的政策。新法案下,FERC 负责监管州际和州内天然气的管道运输。在当时,天然气管道公司既是运输服务提供商,也是采销商,即从开采商购买天然气后,再出售给地方燃气公司,地方燃气公司无法从开采商处单独购买不含管道运输费用的天然气。

1985 年,美国政府为天然气行业继续松绑。FERC 制定并通过《436 号法令》,规定了管道公司的新规则。该法令取消了管道公司销售和输送业务的捆绑,要求管道公司仅作为州际天然气运输的服务提供商,而不是打包的天然气销售的主体,并且其输送业务实行"无歧视准入"原则。这一条例采取的是"自愿原则"。到了 1992 年,FERC 通过《636 号法令》,强制要求剥离管道公司的运输与批发业务,允许上游开采企业和下游燃气公司之间自由选择直接进行交易,管道公司仅负责提供运输服务。

至此,美国天然气销售环节的监管逐渐演变成目前的局面,即上游井口价无政府监管,完全市场化;中游管道公司仅提供州际运输服务,其收取价格受到联邦层面的 FERC 监管;下游地方燃气公司在天然气现货市场/期货市场从天然气开采商处直接购买天然气,然后分销给终端用户并提供配送服务,其收取价格受到州一级 PUC 的监管。

(2)油气行业投融资方式和经验

油气的勘探开发需要巨额资金投入。仅 2011 年美国页岩气领域就发生 68 起并购,总额高达 1 070 亿美元,对比 2010 年的 689 亿美元增加了 55%。各种社会资本的积极参与、多元化的融资渠道,以及灵活多样的金融工具不仅深刻影响了常规油气行业,也大大推动了美国非常规油气的发展。

① 股权融资

股权融资是投资人通过资金投入换取油气公司的股权、认股权证或可转债。股权融资是风险勘探完成之前早期企业融资的主要甚至唯一方式。在北美,提供早期股权投资给油气开发公司的主要是一些专注于早期和成长型企业的股权投资基金,以及个人和家族投资机构。股权在公司的资本结构中优先级最低,退出和取得流动性的方式主要通过公司上市或通过并购部分或整体出售股权。但是也有机构长期持有公司股权,通过分红方式获得回报。

② 公司债权融资

公司债权融资适用于已有一定规模经营现金流的公司,从而减少股本金投入,降低企业融资成本。油气开发公司在部分区块完成勘探,进入生产阶段并有一定产气量后,通常可以进行公司债权融资。债权融资形式包括以下 2 种。

ⓐ 授信

在公司资本结构中优先等级最高的债权方式是银行授信,一般由商业银行提供。在一定的授信额度下,公司可以随时使用或归还授信额度之内的金额。银行授信主要是用于公司的短期运营资金需求。

ⓑ 定期银行贷款和发行债券

除银行授信之外,公司债权融资的另外两种主要方式是定期银行贷款和发行债券。这两种方式一般都需要资产和股权作为抵押,并获得明确的优先偿还权,但是在美国一般银行贷款和公司债券的追索都仅限于抵押资产,而不要求担保。评级机构会根据公司的偿还能力和债券的优先偿还等级对债券进行评级。银行贷款一般由商业银行提供,而公司债券一般由投资银行发行,并可在二级市场交易。对于中小型公司,偿还等级不高的债券常被评为投资等级以下,债务融资的成本较高,而介于有抵押物债权和股权之间的夹层融资一般成本会更高。

③ 项目融资

对于能源行业,项目融资是最主要的融资方式。不同项目资质的项目融资可以占到公司总资本投入的 60%~80%,甚至 100%。与公司层面的银行定期贷款不同,即使是目前尚没有现金流的公司也可以获得长期贷款。通常的做法是油气开发公司将完成风险勘探的区块放入一个专为此项目设立的有限责任公司。该项目公司将作为贷款主体向银行申请贷款用于区块的生产开发。这样的贷款以项目公司所有的资产为担保,银行不向项目公司的股东(投资方)追索。根据区块的可开采年限、资源量和开采成本不同,银行贷款的期限、还款方式和利率也不同。但是,偿还期一般都可以达到10~15年以上。由于评估的专业性要求极高,项目融资的贷款一般由专业的商人银行来提供,而不是普通的商业银行。项目融资的贷款方式包括以下3种。

ⓐ 产量预售支付贷款

近年来应用最广的项目融资贷款方式是产量预售支付(Volumetric Production Payment,VPP)。油气区块的所有方将该区块未来一定时间内一定的产量预售给投资方。投资方在支付投资款后,每个月会按照事先约定的配额收取产品分成,未满足的部分将在下一个周期中补足,依次类推。VPP融资被视为非经营性资产,一般不计入母公司负债表,这样就增强了母公司及其控股的项目公司的融资能力。信誉评级公司例如标普也会对VPP项目进行评级。要获得投资等级在BBB以上的评级,需要对应油气区块的地质构造和开发的执行风险非常明晰,区块储量探明并且进入大规模开采,同时项目公司有丰富的勘探开采经验,附近区块的开采历史比较丰富等条件。因要承担VPP合同有效期间的天然气价格风险、区块储量风险、利率风险以及项目公司的运行风险,通常投资人都是专业的投资银行、对冲基金、能源公司和保险公司。如美国最大的页岩气公司之一切萨皮克就采用了大量的VPP融资,累计规模超过60亿美元。

从整个行业发展的角度来讲,VPP融资模式有利于降低天然气价格的波动性,减少公司管理层变更公司资本结构的任意性,同时有助于减少储量报备方面的弄虚作假。

ⓑ 储量资源贷款

储量资源贷款(Reserve Based Lending,RBL)是20世纪70年代始于得克萨斯州油气开发产业的一种项目融资手段。这种融资模式既适用于大公司,也适用于小型开发公司,使小开发商能够充分利用他们的资产负债表以满足勘探开发的资本需要。投资人主要通过项目公司油气资源储量来保证贷款的安全性。虽然投资人有权追索到控股公司,但是在实际操作中大多数追索权限于项目公司担保的储量。可以说储备资源贷款是集企业融资和资产抵押为一身的融资模式。目前基于PDP的RBL贷款利率在美国非常低,接近基础利率的水平(4%左右)。

针对不同风险等级的资源储量,贷款人提供的贷款比例也不同。一般来说,商业银行只对探明储量进行贷款,按照储量净现值(10% 左右折现率)计算贷款比例如表 1-7 所示。

表1-7 按照储量
净现值所计算的贷
款比例(据中国能
源网研究中心)

分　类	储量净现值贷款比例
探明并且完成开发且投产(PDP)	60%
探明并且完成开发尚未投产(PDUP)	40%
探明但尚未开发(PUD)	25%

ⓒ 概算储量和可能储量贷款

概算储量包含在探明储量中,而可能储量又包含了概算储量。一般来讲,商业银行不会对这两种储量估计贷款。但是,一些从事夹层资本投资的基金公司和商人银行会针对概算储量进行贷款,这大大增加了油气公司的融债能力。通常,夹层资本的固定利率为 10%~15%,加上 2% 左右的分红权,总的融资成本会在 20%~25% 的水平,是一种相当"贵"的资本。该等夹层资本为油气公司加大投资力度和加快开发速度提供了大量的资金支持。

储量资源贷款的具体形式一般是一个可重复使用的银行授信,只是授信额度会随资源储量的递减而不断降低,直至区块完成开采。借款方一般每半年会重新估计一次资源量。和 VPP 模式一样,RBL 投资人承担资源储量估计的风险、生产风险和价格风险。因此,RBL 的投资人一般也是专业的投资银行、对冲基金、能源公司和保险公司。

总之,项目融资尤其是油气行业的项目融资方式在美国资本市场非常灵活多样。但是这些方式的创新都是为了针对油气勘探开发不同阶段的风险情况和融资需求将不同类型资本与需求对接,从而使资本市场的效率最大化。

④ 特许权信托

除以上谈到的三大类融资方式之外,美国资本市场比较常见的一种融资方式就是特许权信托(Royalty Trust,RT)。特许权信托一般由投资银行承销和组织发行,并在证券交易所挂牌交易。受托人一般是商业银行的信托部门。根据信托协议,将募集的资金投入油气开发公司换取一部分净利分成权益,相当于一般公司的优先股,不同的是优先股一般有一个固定的分红收益率,而净利分成权益是分得公司净利润的一个预先约定的比例,因此实际上的收益率会随着公司的产量、油气价格和开采成本的不同而发生变化。净利分成权益的好处是为想投资油气勘探开发企业但又不想介入实际勘探、钻井、压裂等资本投入和运行的投资人提供一个投资渠道。

最后,关于美国油气行业融资特别要提到的是大量免税投资机构的参与。在美国,很多市政和退休金基金管理机构是没有所得税义务的。但是通常联邦税法也不允许这些机构直接参与油气区块的开发投资。类似 VPP 和净利分成权益这样金融工具的应用使得这些投资机构可以参与到油气行业投资中去,同时规避了这类投资人很多不能够承担的风险。总之,多元化的资本市场为美国油气行业发展提供了资本助力。

(二)加拿大

1. 页岩气开发历程与发展途径

1)资源情况

作为北美非常规油气总体版图的一部分,加拿大页岩气资源丰富,是继美国之后世界上第二个成功开发页岩气的国家。加拿大页岩气资源量超过 28×10^{12} m³,开采潜力巨大,可采储量约 16×10^{12} m³,主要分布在西加拿大沉积盆地的白垩系、侏罗系、三叠系和泥盆系地层。加拿大主要页岩气富集带参数如表 1-8 所示。

表 1-8 加拿大主要页岩气富集带数据(据加拿大国家能源委员会报告)

	Montney	Horn River	Colorado	Utica	Horton Bluff
盆地	西加拿大	西加拿大	西加拿大	圣劳伦斯	温莎
所在省	艾伯塔和不列颠哥伦比亚	不列颠哥伦比亚	艾伯塔和萨斯喀彻温	魁北克	新不伦瑞克和新斯科舍
面积/km²	9 800	12 800		5 000	
层位	三叠系	泥盆系	白垩系	奥陶系	石炭系
埋深/m	1 700 ~ 4 000	2 500 ~ 3 000	300	300 ~ 3 300	1 120 ~ 2 000
厚度/m	300	150	17 ~ 350	90 ~ 300	>150
含气孔隙度/%	1.0 ~ 6.0	3.2 ~ 6.2	<10	2.2 ~ 3.7	2
有机碳含量(TOC)/%	1 ~ 7	0.5 ~ 6.0	0.5 ~ 12	0.3 ~ 3.25	10

（续表）

	Montney	Horn River	Colorado	Utica	Horton Bluff
镜质体反射率 R_o/%	0.5 ~ 2.5	2.2 ~ 2.8	生物气	1.1 ~ 4	1.53 ~ 2.03
硅质含量/%	20 ~ 60	45 ~ 65	砂岩和粉砂岩	5 ~ 25	38
碳酸盐矿物含量/%	约20	0 ~ 14	—	30 ~ 70	42
泥质含量/%	<30	20 ~ 40	高	8 ~ 40	42
游离气比例/%	64 ~ 80	66	—	50 ~ 65	—
吸附气比例/%	20 ~ 36	34	—	35 ~ 50	—
二氧化碳含量/%	1	12	—	<1	5
原始天然气地质储量（OGIP）× 10^{-8}（m^3/km^2）	1 ~ 18	7 ~ 35	3 ~ 7	3 ~ 23	8 ~ 66
有利富集区原始天然气地质储量 × 10^{-12}/m^3	3 ~ 20	4 ~ 17	>3	>3	>4

其中,西加拿大沉积盆地面积140万平方公里,横跨马尼托巴省、萨斯喀彻温省、艾伯塔省和不列颠哥伦比亚省,南部通常以美国和加拿大两国边境线作为盆地边界。该沉积盆地不仅常规油气丰富,还蕴藏油砂、致密气、煤层气和页岩气等非常规油气资源,是加拿大最重要的页岩气资源盆地。该盆地的 Montney 页岩已大规模开发,Colorado 页岩已投入小规模开发,Horn River 盆地内页岩气处于开发早期。西加拿大沉积盆地以外,Utica 和 Horton Bluff 页岩区的页岩气资源仍然处于勘探阶段。

2）开发情况

尽管页岩气资源量丰富,但与美国相比,加拿大页岩气勘探开发起步较晚,规模也不及美国。加拿大2000年才开始加强对11个重点盆地地区的研究,涉及地层包括古生界(寒武系、奥陶系、泥盆系等)和中生界(三叠系至白垩系)。加拿大早期页岩气生产始自对艾伯塔省东南和萨斯喀彻温省西南的 Second White Speckled 页岩的开发。2007年,开始对不列颠哥伦比亚省东北的页岩气资源进行商业性开发。勘探开发地区主要集中于 Horn River 和 Montney 区,前者可采储量 3.6×10^{12} m^3。后者可采储量 3.1×10^{12} m^3。2009年,加拿大页岩气产量达到 72×10^8 m^3,主要就来自这两个地区。

据美国能源信息署公布的数据,2012年12月,加拿大的页岩气产量约占天然气总产量的15%,即为 220×10^8 m^3。在加拿大两个最主要的页岩气盆地 Horn River 和

Montney,2012 年的页岩气平均产量为 5 664 × 10⁴ m³/d,2013 年 5 月达到了 7 929 × 10^4 m³/d,约合 289 × 10^8 m³/a。据 ARI 预测,到 2020 年加拿大页岩气产量将超过 625 × 10^8 m³。

3）艾伯塔省页岩气开发情况

作为加拿大的能源大省,艾伯塔省的页岩气开采前景比较乐观。艾伯塔省石油、天然气、油砂、煤炭等藏量丰厚,为加拿大提供了 100% 的沥青和合成原油产量、90% 液化天然气产量、80% 的天然气产量、47% 的常规原油产量、41% 的煤产量及风力发电和水力发电的大部分。

目前,艾伯塔也是加拿大最大的油气生产省。艾伯塔省能源资源保护委员会和艾伯塔省地质调查局进行的研究结果显示,艾伯塔省的页岩地层,含跨 Montney 和 Colorado 等大页岩区,可能蕴藏着 4 236 亿桶石油和 94 × 10^{12} m³ 天然气储量。艾伯塔省的石油工业已经走过了 100 多年的发展历程。

作为加拿大经济发展最快的省之一,艾伯塔省的天然气需求量不断攀升。预计 2022 年的需求量将比 2002 年增长 70%。艾伯特省对天然气的旺盛需求推动了页岩气的开发利用,产量呈递增趋势。尤其自 2007 年之后,页岩气生产井数量和产量都增长显著。其中,产量的增长幅度明显快于生产井的增长速度,这说明技术水平和生产效率提升明显。

4）加拿大页岩气产业的新进展

（1）开发转向富液非常规油气

美国页岩气的大规模开发直接导致天然气价格的走低,从 2007 年的 0.35 美元/立方米降至 2012 年的 0.16 美元/立方米。目前,为了获取可观的经济效益,油气公司的勘探开发转向富液（Liquid-rich）非常规油气资源。同样的趋势出现在加拿大页岩气开发领域。

在加拿大,除了已证实的西加拿大沉积盆地 Duvernay 富液页岩气外,其他富液非常规资源均为致密油。Duvernay 富液页岩气富集带面积约 15 万平方公里,其页岩气藏为超压凝析页岩,具有纯页岩厚度薄(5 ~ 45 m)、吸附气比例低(5.6% ~ 8.5%)、单位面积资源量丰度高以及含液比例高的特点。天然气的资源量为(10 ~ 15) × 10^{12} m³。

Yoho 能源公司的 13 ～ 22 井含压裂的钻完井费用为 1 340 万美元,该井水平段 1 461 m、10 级压裂,11 天试采产气液分别为 17×10^4 m^3/d 和 658 bbl/d。Wood Mackenzie 预计 Duvernay 富液页岩气富集带在 2020 年气液产量将分别为 0.42×10^8 m^3/d 和 13×10^4 bbl/d。

(2)出口争取摆脱对美国市场的完全依赖

加拿大拥有丰富的天然气资源,近年来,加拿大开始学习美国经验来开发本国页岩气资源。虽然目前还没有开始大规模开采,但许多公司已经开始对艾伯塔、不列颠哥伦比亚、魁北克等省的页岩气资源进行勘探和开发。未来,天然气仍将占据加拿大能源消费结构的重要比例,并很有可能超过石油消费所占的比例。随着常规天然气资源的不断减少,页岩气将成为加拿大未来天然气资源开发的重要增长点。加拿大国家能源委员会(The National Energy Board,NEB)报告指出,页岩气很可能在相当长时间内帮助满足加拿大国内天然气需求。

在美国发生页岩气革命前,美国是加拿大最主要的天然气出口国。随着美国页岩气产量不断增长,价格持续走低,加拿大正努力寻求为其过剩的天然气产量开拓其他海外市场。2011 年 10 月,NEB 发放了首个长期出口液化天然气(Liquefied Natural Gas,LNG)许可证。截至 2013 年 10 月 1 日,加拿大政府已经为加拿大三个 LNG 出口项目颁发许可证,同时正在审核另外五个项目的申请材料。目前,加拿大缺少天然气液化处理设施和向北美以外地区运输的 LNG 船。但业界已经准备投资建设这些必要的基础设施,如计划在不列颠哥伦比亚省东北部投资 50 亿美元建设 LNG 出口终端,该终端将向日本、韩国和中国出口 LNG,这是加拿大生产商首次获准进入美国以外的市场。

NEB 称,随着来自页岩和其他致密构造区天然气产量的增加,加拿大应该有能力在 2019 年开始出口 LNG。NEB 预测来自不列颠哥伦比亚省海岸的 LNG 出口在 2019 年将达到 $3 300 \times 10^4$ m^3/d,2021 年将增至 $6 600 \times 10^4$ m^3/d,2023 年将增至近 1×10^8 m^3/d。

2. 开发关键技术特点及其适用性

加拿大页岩气勘探开发取法美国,每个页岩气富集带勘探开发均经历了页岩气富集带评价、资源落实以及经济开采的过程。其主要开发技术,如水平井钻完井和压裂技术都与美国一致。

加拿大最早的水平井是 1978 年 Imperial Oil 公司在位于 Cold Lake 的 Clearwater Formation 打的。1987 年 6 月,艾伯塔油砂技术与研究管理局(Alberta Oil Sands Technology and Research Authority)为地下测试项目打了第二口水平井。之后,基于水平井技术的项目陆续出现。

据加拿大能源委员会 2009 年 9 月份报告显示,每口页岩气水平井可采气量为 3 000 ~ 28 000 m^3,并可以随技术进步继续增加。另据加拿大能源委员会概览显示,水平井和压裂技术在页岩油气井中的推广和利用,使得加拿大西部的油、气井比 2010 年井均长度增长约 10%,钻井总长度增长约 17%,初始生产率也更高。

加拿大页岩气开发的技术标准体系也与美国类似。在环境资源保护标准方面,2011 年 9 月,加拿大石油生产商协会(The Canadian Association of Petrdeum Producers,CAPP)发布了《页岩气开发技术指导》,强调通过合理的钻井孔施工管理对地表和地下水资源的质量和数量进行保护;尽量使用新鲜水替代物以及循环水回收利用;测量和公布水资源利用情况,减少对环境的影响;支持环保型压裂液体添加剂的开发;支持公布压裂液体添加剂成分。加拿大主要页岩气富集带水平井钻完井费用见表 1-9。总体而言,加拿大页岩气开采呈现成本逐年下降、产量逐年上升的趋势。

表 1-9　加拿大主要页岩气富集带水平井钻完井费用(据加拿大国家能源委员会报告整理)

类　别	Montney	Horn River	Colorado	Utica	Horton Bluff
盆地	西加拿大	西加拿大	西加拿大	圣劳伦斯	温莎
所在省	艾伯塔和不列颠哥伦比亚	不列颠哥伦比亚	艾伯塔和萨斯喀彻温	魁北克	新不伦瑞克和新斯科舍
水平井钻完井费用(含压裂)/万加元	500 ~ 800	700 ~ 1 000	35(仅有直井)	500 ~ 900	/

二、 欧洲

欧洲(除俄罗斯外)页岩气技术可采资源量相对较低,但分布广泛,主要集中在波兰、法国、挪威、乌克兰和瑞典等国。波兰的页岩气可采资源量为欧洲之最,预计未来 10 ~ 15 年波兰每年可提供(200 ~ 300) × 10^8 m³ 天然气。此外,德国、英国、西班牙等国也已开始开展页岩气研究和试探性开发,部分企业已着手商业性勘探开发。但在法国,由于担心页岩气的开采会对水资源管理带来较大负面影响,已暂时停止相关开采活动。目前,欧洲境内有 9 个国家正在进行页岩气勘探项目(图 1 - 15),英国和波兰是该洲页岩气前景最好的国家,其中开发最为活跃的当属波兰。

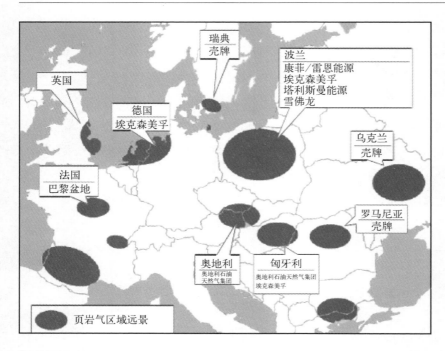

图 1 - 15 欧盟页岩气勘探项目分布(据 LEVELL C. Shale gas in Europe: a revolution in the making?)

(一) 波兰

根据 EIA2013 年数据,波兰页岩气技术可采储量为 5.4 × 10^{12} m³,居欧洲之首。由于页岩气储量丰富,波兰是欧洲页岩气开发最为积极的国家之一。早在 2007 年波兰政府就实行了非常有利于页岩气开发的财政政策,包括财政补贴和减少页岩气征税,之后又出台了一系列扶持政策(表 1 - 10)。作为前计划经济体制国家,国家资源开

表 1 - 10　波兰页岩气发展政策动态

日　期	政　策　内　容	备　注
2012 年 10 月	所有在波兰进行页岩气开发的公司必须同波兰国有公司进行合作	
2013 年 2 月	提议设立新的法案,新的法案加强了对环境影响评价的要求并提高了对产品分成的要求,但该法案豁免 5 000 m 之内的探井进行环境影响评价。该法案目前仍然在讨论中	
2013 年 6 月	波兰政府金融部长称,税收法案将于 2015 年生效,但波兰计划从 2020 年开始征收页岩气开发税,同时尽快完善相关管理制度,确保投资不会因此受到影响	开发进程不尽如人意,已经有不少公司陆续退出了波兰页岩气开发项目。为扭转局势,出台此项政策
2013 年底以来	政府已经委派了一名环境部长专门负责页岩气领域,这预示着政策转变的积极信号。立法部门对制约页岩气发展的法律法规进行了重新梳理与修订,进一步明确了财税方面的规定	
2014 年 3 月	波兰政府通过了一项旨在加速页岩气开发、减少对俄罗斯天然气供应的依赖的法律草案。这项法律草案将简化并加快企业获得许可证的程序。草案中提到,波兰将在 2020 年后开始实施征收页岩气勘探和开采税,在这期限之前是免税收的,且不会高于 40%	要加快页岩气的勘探和开采工作,所以出台了这一鼓励政策

采权归少数国有公司所有。为加快页岩气开发和引入新主体,页岩气获准允许外资和私人资本进入。波兰是个能源进口国,目前波兰每年所需天然气的 70% 都来自俄罗斯,由于乌克兰与天然气供应方俄罗斯之间的冲突,使得波兰不得不加快了开发本国页岩气的步伐。因此,波兰政府希望页岩气的发展能够很大程度降低波兰对俄罗斯天然气的依赖,提振经济发展。

波兰尚处于页岩气早期勘探阶段,未形成商业化产气。截至 2013 年 6 月,波兰政府已颁发了 100 多个页岩气勘探许可,积极引入外资开发本国页岩气。其中波兰国家石油天然气公司 PGNiG 获得 15 个勘探许可,2012 年已投资 5 亿美元。目前共有约 20 家国际能源公司在波兰进行勘探,除了埃克森美孚、康菲、埃尼、雪佛龙、道达尔这几家国际石油公司(International Oil Company,IOC)外,剩下的多为欧美中小独立油气商。

截至 2013 年 6 月,波兰有 40 口页岩气实验井处于运营状态,39 口钻井正在钻探,并计划在 2021 年前再打 333 口。目前,PGNiG 在 Baltic 盆地至少已开始 4 口勘探井的钻探,计划在 2016 年实现商业化;国际石油公司如埃克森美孚在 Lublin 和 Podlasie 盆地分别各有 1 口垂直探井;雪佛龙在 Lublin 盆地也有探井;康菲公司拥有 Baltic 盆地西部的 3 个区块勘探权,其 LE - 2H 号井稳定日产量为 1.415×10^4 m³,是目前波兰产量最高的井。

（二）英国

　　除波兰外,英国是欧洲第二个发布页岩气勘探许可证的国家。之前,英国的环保主义者和当地居民担心开采页岩气对当地社区和环境造成破坏,对高压水力压裂法提取页岩气存在争议。然而,由于美国页岩气开采新技术改变了该国能源消费格局,天然气(主要是页岩气)和石油产量飙升,能源价格下跌,由此带来的能源革命甚至让美国开始出现工业回归浪潮,美国石油公司也开始抛售海外资产,把资金转投本土的页岩油田。英国首相卡梅伦也希望在本国看到这样的效果。但英国并没有真正开始生产页岩气,相关勘探工作也进展缓慢。

　　直到2013年6月,英国地质调查局(British Geological Survey,BGS)发布最新评估报告称,英国页岩气储量约1 300 tcf①,认定英格兰北部的页岩气储量为政府此前评估的两倍,预计能满足英国40多年的能源需求。因预测英国页岩气储量大幅上涨,英国政府对页岩气的态度突然变得积极起来。

　　英国的页岩气产业正在萌芽中,尚未实现显著的页岩气产量。到目前为止,英国页岩发展一直没有商业化生产,本土内也只有为数不多的钻探井,只有一个水力压裂钻井。虽然大多数主要的能源公司都参与了在美国和东欧的页岩资源开发,但他们还没有大规模进入英国。而英国Caudrilla资源公司现为市场中唯一一家活跃的公司。虽然该公司正积极打井,但已有该公司的活动有诱发地震可能的报告,加上公众抗议,导致该公司在有些地方进步缓慢。截至2013年6月,英国天然气公司(British Gas,BG)的母公司森特里卡(Centricaplc)从Cuadrilla公司购买了Bowland页岩气区块25%的勘探权,这一区块也是目前英国唯一进行打井勘探作业的地区。Cuadrilla已完成4口勘探井作业并证实了页岩气数据,且该公司是英国唯一在其测试井使用水力压裂技术的公司,但可能需要两年时间来看其是否具有商业化开发的可行性。

　　受页岩气预测储量大幅上涨以及激励政策出台的刺激,英国页岩气开发引来了新的投资。继2013年法国电力巨头和英国公用事业购买了英格兰西北部的页岩许可证

---

　　①　1万亿立方英尺(tcf)=283.17亿立方米(m³)。

后,道达尔于 2014 年 1 月购入英国两项页岩气开采权 40% 的股份,未来将投资开发英格兰东部地区的页岩气资源,购入开采权的两个项目位于英格兰东部的林肯郡,预计总花费在 160 万美元左右。法国公司是第一个对英国非常规天然储量表现出足够兴趣的石油巨头。

尽管英国页岩气开发进展缓慢,但英国已经建立起了一个由各政府机构明确分工的页岩气监管机制(表 1-11)。同时,为了鼓励有潜力的开发商和地方政府发展页岩气,英国政府已经颁布了一系列刺激政策(表 1-12),包括减税、要求地方政府维持商业利率,并大力支持企业向受页岩气开发影响的土地所有方提供预付款和特许经营费用。同时,英国政府准备积极修订一系列法规,为页岩气发展铺平道路。其中,对于在房屋地下进行页岩气勘探开发活动需要通知房主这一条彻底移除,并修改了非法侵入条款,以避免土地所有者阻挠页岩气开发。

表 1-11 英国政府各机构关于页岩气开发监管及许可过程中的责任(WRI,2013)

机　构	责　任
能源与气候变化部	(1) 颁发石油勘探开发的许可证(PDEL)同时许可上陆上页岩气的勘探开发(据英国地质调查局); (2) 许可水力压裂,并要求经营者提交一份应对地震诱发的压裂计划; (3) 对燃烧施加限制
环境局或苏格兰环境局	(1) 对非常规天然气业务进行环境监管; (2) 操作员提供相关信息; (3) 在规划过程中,法定咨询者对当地政府提供有关其规划发展对环境的影响
煤炭管理局	如果钻孔与煤层相交,必须取得煤炭管理局的许可
健康与安全执行局	监测井的完整性和现场安全,至少在钻探开始的 21 天前通知健康与安全执行局
英国地质调查局	研究包括评估甲烷在地下水中的基线水平,评估资源和地震诱发的可能性
能源与气候变化部非常规石油和天然气办公室	支持公众参与,每口水力压裂井给予当地社区 10 万英镑和至少 1% 的生产收入(工业界承诺)
矿产规划局或苏格兰的地方规划局	接收申请,并通知当地居民,提供机会让当地居民发表意见;矿产规划局同时决定是否必须进行环境影响评估

表 1-12 英国页岩气开发政策动态

日　期	政 策 动 态
2012 年 12 月	为发展页岩气产业,英国专门成立了非常规油气办公室。该办公室与监管机构及业界紧密合作,以确保监管制度简单、清晰,保障公众安全及保护环境
2013 年 6 月	英国政府表示,被页岩气钻井影响的社区将获得 10 万英镑的"社区福利"和 1% 的生产收入

（续表）

日　期	政　策　动　态
2013 年 8 月	英国财务部规定陆上页岩气生产税率为 30%，相比新的北海石油作业最高税率 62% 和较为老旧的高达 81% 的海上油田税率，页岩气生产税率具有极大优势
2013 年 12 月	英国能源和气候变化部部长爱德华·戴维宣布水力压裂法开采页岩气的禁令解除
2014 年 4 月	英国能源与气候变化部宣布设立 200 万英镑（约合 340 万美元）奖金，征集页岩气生产和开发的创新技术，尤其是能减少对环境影响的技术

（三）欧洲其他国家

法国是欧洲地区遭遇页岩气发展阻力最为明显的国家。刚一开始，法国页岩气的发展前景似乎非常积极，在 2010 年，法国经济部就授予 Montélimar 一个五年的勘探许可证，它是在法国页岩气有前景的三个地下勘探许可证之一。但南部的一些组织的政治态度发生了 180° 大转变，从拥护支持转向坚决反对。

2011 年法国议会通过了禁止使用水力压裂技术的法案，成为全球首个明确对页岩气说不的国家。在奥朗德担任法国总统期间，他一直坚持页岩气禁令，并称在他任期内，法国都禁止开采页岩气。2013 年，法国议会进行的一次裁决更加坚定了奥朗德的态度。

乌克兰页岩气储量近 4.5×10^{12} m³，按照乌目前对天然气需求量，可满足乌克兰 100 ~ 150 年需要。时任乌克兰总统亚努科维奇表示，如果乌克兰境内的页岩气得到充分开发，该国完全可以实现能源独立，结束对俄罗斯天然气的依赖。乌克兰的页岩气开采具有一定的优势。其页岩气开采成本在 140 ~ 160 美元/千立方米，市场价格将超 200 美元/千立方米。目前，乌克兰从俄罗斯购买的天然气根据国际市场石油价格确定。如果按石油价格 115 ~ 120 美元/桶计算，乌克兰从俄所购天然气价格将达 430 美元/千立方米。

2013 年 7 月，乌克兰政府批准了与壳牌公司价值约 100 亿美元的页岩气开发协议，这是欧洲规模最大的一笔页岩气开发协议。雪佛龙公司则获得了在乌克兰西部地区的页岩气开发权。此外，乌克兰还选择了以埃克森美孚为首的多家能源集团联合开发黑海页岩气资源。

荷兰的页岩气开采至今禁止使用水力压裂技术,页岩气的发展计划遭遇了强烈的地方反对和法律制约,地方和国家级别的非政府组织(通常由一些利益共同体组成,比如酿酒和供水领域的人士组成)坚决反对发展页岩气。

德国在近海的页岩气开发领域也非常成熟。从 20 世纪 60 年代起,德国就开始在致密气开发中采用压裂技术。德国已经向很多企业颁发了勘探开发许可,但是后来由于环保机构反对,2012 年之后,德国就没有发放过新的勘探许可证。德国政府也拟制定新规,严格管理水力压裂法的使用。

西班牙的页岩气储量可观,同时反对声浪也异常激烈。从整个政治层面来看,强烈反对页岩气发展的依旧占据上风。西班牙坎塔布里亚自治区拥有丰富的页岩气资源,但在 2013 年 4 月,该地区发布禁止页岩气勘探的法律,以避免对景观及地下水造成破坏。同样的法律在 2014 年 1 月提交到加泰罗尼亚自治区的议会进行讨论,该地区也打算修订法律,禁止页岩气勘探开发。

保加利亚在 2012 年推出禁止页岩气勘探的法令,虽然之后有一些政府官员不断表示应该进行修订,但禁令至今仍未取消。

在罗马尼亚,2012 年政府也相当于发布了页岩气的禁令,但从 2013 年开始情况发生了转变,已经允许雪佛龙等石油公司进行勘探。雪佛龙公司获得了在该国东部和黑海沿岸的勘探权,计划在这一项目上投资 3 亿欧元。不过,其勘探工作一开始就遭遇到地方抗议。

三、 拉丁美洲

(一) 阿根廷

根据 EIA2013 年数据显示,阿根廷的页岩气技术可采资源量为 22.71×10^{12} m^3,位居世界第二,是南美天然气开发利用前景最好的国家,并且阿根廷政府推出提高井口价等政策措施,鼓励大力开发该国页岩气,吸引更多外资来加大对本国能源行业的开发,以缓解国内能源短缺状况。

阿根廷页岩气的主要开发工作集中在 Neuquen 盆地,集中了阿帕奇、依欧能源(EOG)、埃克森美孚、道达尔、中海油和阿根廷国有石油公司雷普索尔(YPF)。其中,雪佛龙意向性同意和 YPF 在该盆地追加投资,计划钻 100 口井;中海油和 YPF 签署了15 亿美元的合同,计划在该盆地钻 130 口探井。截至 2013 年 6 月,阿根廷已至少钻了50 口探井(其中 37 口由 YPF 实施),且多数取得了不错的产量。2013 年 9 月,陶氏化学与阿根廷国营 YPF 公司合作在 ElOrejano 区块开发了第一个页岩气试生产项目,计划第一年投资 1.88 亿美元,在 Lajas、Sierras Blancas 和 VacaMuerta 地区钻探 12 口页岩气勘探井。陶氏化学估计生产高峰期产量可能超过 300×10^4 m^3/d。YPF 公司与雪佛龙合作的试产项目投资 15 亿美元,而其他公司如埃克森美孚、壳牌和道达尔也已开始钻探。

截至 2013 年年底,已有 56 家非常规行业服务公司计划入驻内乌肯省巴卡穆埃尔塔附近的矿区,当地政府为此规划的工业园区面积将达到 140 公顷①。未来 5 年中,巴卡穆埃尔塔地区石油投资额将在 80 亿~ 100 亿美元。阿根廷国营 YPF 石油公司将参与该项目资金筹措及后勤相关工作。

尽管阿根廷的页岩气产业有着广阔发展前景,但受制于该国的经济和政治环境,目前外国投资者多处于观望状态。一是担心阿根廷经济将来会出现衰退,二是担心阿根廷政府将来可能会对页岩气资源实行国有化。

(二) 巴西

巴西页岩气技术可采储量为 6.93×10^{12} m^3。陆上共有 18 个页岩气沉积盆地,但储量最丰富的地区集中在海上。巴西国家石油公司 Petrobras 计划在最有潜质的Amazonas、Parana 及 Pamaiba 三个区块展开勘查,但尚未有大规模勘探和打井的报道。

页岩气开发遭到能源专家的反对。一些专家认为,尽管美国拥有成熟的开发技术并带来了良好的经济收益,但是对环境的破坏不可避免。页岩气的开采是基于对地质

① 1 公顷(ha) =0.01 平方千米(km^2)。

层的渗入,通过水力压裂技术注入水和化学物质,而这很容易导致页岩以上含水层饮用水的污染及溢出。

(三)墨西哥

墨西哥页岩气技术可采储量在 15.43×10^{12} m^3,世界排名第6。墨西哥页岩气勘探始于 2011 年,墨西哥国有石油公司(PEMEX)在墨西哥东部的 5 个省共发现了 200 个页岩气资源点。截至 2013 初,PEMEX 已在 Burgos 盆地完成 4 口探测井,Sabinas 盆地 1 口(Percutor-1 水平井,2012 年完工,深度为 3 330 ~ 3 390 m),其中 3 口井取得了初始产量。PEMEX 计划于 2025 年达到日产 0.57×10^8 m^3/d。

墨西哥页岩气资源的开发还面临众多阻碍:① 水资源问题,墨西哥许多潜在页岩气储量位于沙漠地带,要采用水力压裂技术将导致水资源管理成为大问题;② 政策障碍,墨西哥宪法禁止私人公司投资该国上游业务;③ 成本高,由于钻井成本高加上墨西哥国油缺少页岩气相关经验,目前墨西哥每口水平井成本超过 1 000 万美元。

四、 亚太地区

(一)印尼

印尼矿产资源部 2012 年数据显示,印尼拥有 16.25×10^{12} m^3 页岩气。2013 年 EIA 预测印尼页岩气技术可采量为 1.3×10^{12} m^3。印尼页岩气开发尚处于初级阶段,其曾经接触过美国政府寻求页岩气技术合作,并于 2013 年底前拍卖位于 Sumatra 岛北部的 Krisaran 区块和 Tanjung 区块的开采权。一些能源公司(包括 AWE,Bukit 及 NuEnergy)在 Sumatra 岛已经进入前期调研阶段,但尚无勘探打井的报道。

印尼的能源产业存在结构性问题,复杂的监管环境让页岩气开发进程变得越来越缓慢。由于印尼常规油气投资面临复杂的环境管理程序、有限的激励措施和基础设施建设不足等弊端,一定程度上阻碍了外资进入其页岩气领域。

（二）澳大利亚

澳大利亚 Beach 石油公司在大洋洲的 7 个盆地中发现了富含有机质的页岩,初步评价结果表明这类有机质页岩的资源潜力很大,因此计划对库珀盆地进行开发工作,并率先在新西兰获得单井工业性突破。目前,澳大利亚页岩气领域已获得大笔投资。雪佛龙以 3.49 亿美元买入 Cooper 盆地两个页岩远景区,桑托斯公司已经开始在该盆地钻探,其他投资澳大利亚页岩气开发的公司还有康菲石油、道达尔、三菱集团、挪威国家石油公司等。

澳大利亚页岩气开发所面临的主要障碍是高昂的项目成本。基本技能的缺乏推动了劳动力价格的上涨,而页岩资源区又多位于偏远地区的深层区,钻探、开发、储存和运输成本高昂。另外,联邦政策和州一级政府的规定复杂而又繁琐,合规方面面临严格审查。对澳大利亚来说,虽然融资不是问题,但在碳税和资源税方面还存在诸多不确定性。

（三）印度

印度油气上游国有巨头印度石油（ONGC）公司于 2011 年 1 月 25 日在靠近西孟加拉邦杜尔加布尔钻探了 1 口非常规气藏研究和开发井,在深度大约为 1 700 m 的 Barren Measure 页岩地层中发现了天然气流。ONGC 公司于 2013 年 11 月启动该国首个页岩气商业化勘探项目,但因缺乏完善的基础设施和财务制度,尚难以真正实现商业化开采。国际能源署执行理事范德胡芬表示,其商业化开发页岩气或许将在 10 年内实现。

印度在开发页岩气方面还面临一些挑战,具体包括以下四个方面：① 基础条件不具备。页岩气开发过程中需要铺设大量的管网和道路设施,而当前印度国内这方面的基础设施非常缺乏。解决这个困难,一方面面临资金缺乏的难题,另一方面需要很长的时间进行建设。② 国内气价过低。印度国内天然气价格太低不足以支持页岩气的生产。③ 规模开发缺乏经验。印度的油气公司在页岩气勘探和开发方面毫无经验,在技术和人才储备方面无法同美国、澳大利亚甚至中国公司相比。④ 水源不足,且面临水污染难题。页岩气开发过程中需要消耗大量的水资源,但印度水资源严重不足,这将成为印度开发页岩气资源进程中面临的最大难题。同时,印度也面临水污染难题。水力压裂过程中使用的含有化学品的水可能会回流,这或将加重印度水污染问题。

五、 非洲

非洲具有良好的页岩气资源潜力,占全球页岩气技术可采资源量的 15.7%,其中阿尔及利亚、南非和利比亚排在前三位。但目前这些国家的页岩气开发都处在起步阶段,未来有望加大这方面的努力。

(一)阿尔及利亚

阿尔及利亚不仅是非洲最大的天然气出口国,还拥有非洲最为丰富的页岩气资源。国内天然气基础设施与欧洲天然气管网相互连接,加之政府多项天然气优惠税费政策,吸引了不少石油公司的积极关注和参与。壳牌、埃尼公司和加拿大塔里斯曼能源公司均已和阿政府签署了页岩气勘探合同。阿尔及利亚国家石油公司表示,将在 5 年内斥资 800 亿美元用于页岩气勘探。

(二)南非

目前,南非卡鲁盆地已成为非洲面积最大的页岩气开发区。南非政府在该盆地划出了 35 个勘探区块。壳牌公司于 2011 年 2 月获得勘探许可证,成为第一个进入南非页岩气领域的石油公司。随后,挪威国家石油公司(Statoil)等多家公司对南非页岩气表示出强烈兴趣。政府累计共收到国内外油气公司超过 90 份的勘探申请,并与南非 Sasol、美国 Bundu、切萨皮克、雪佛龙和英国 Falcon 公司相继签订勘探合同。

页岩气的开发在带来经济发展和就业的同时,水力压裂法也引来诸多争议。特别是油气公司与当地环保人士和农场主之间不时发生冲突,许多勘采项目被迫中断,实际进展十分有限。

（三）非洲其他国家

利比亚的页岩气开发，尚处于资源潜力评价的初级阶段。利比亚国家石油公司与有兴趣的国际石油公司进行了商谈，但尚未签订任何勘采合同。

除了资源较为丰富外，突尼斯页岩气开发的一大优势是具有良好的通往欧洲的出口基础设施。但国内政治安全的隐患，加之环境和资金缺乏等问题，使得页岩气开发面临诸多挑战。

第二章

向全球蔓延的
"页岩气革命"
的深刻影响

第一节　对美国经济和能源政策的影响

一、改善美国能源安全

1. 能源独立与能源安全战略转型

根据美国能源信息署的数据,美国原油进口中来自中东的原油的比例已经从 2001 年的 28.6% 下降到了 2011 年的 15% 左右,与此同时 2010 年美国石油对外依存度自 1997 年以来首次降到 50% 以下。页岩气的成功开发,改善了美国的能源供需结构,提高了能源自给水平。美国能源信息署关于美国 2010—2035 年的天然气产量预测数据显示,美国页岩气的大规模开发将实现对天然气进口的有力替代。如果没有页岩气,美国天然气的对外依存度可能达到 47%。毫无疑问,页岩油气成功开发保障了美国的能源安全。

美国从伊拉克正式撤军标志着其从中东北非油气资源的战略撤出,在这之后,无论是利比亚还是叙利亚这样的产油国,美国都无意再次卷入。当然,美国在中东地区的利益和政策受到政治、安全、宗教、军事等一系列因素交织影响,并非仅仅出于获取石油的考虑。从全球地缘政治的角度看,美国并不打算完全放弃这个地区,起码在世界经济仍然严重依赖经由霍尔木兹海峡的贸易往来,而且以色列仍存在安全风险的情况下不会这样做。尽管维护全球石油供应稳定和石油价格平稳、保障主要能源及贸易运输线安全等利益对美国仍然至关重要,但就现阶段而言,这些利益已经不再值得为此大动干戈。随着美国对中东能源依赖的降低,华盛顿在当地承担风险和责任的意愿自然也会降低。因此,可以说美国已经成功地实现了能源安全的战略转型。

2. 加入天然气输出国行列

自 2006 年开始的页岩气革命成功以来,美国增加了 $1\,574 \times 10^8\ m^3$ 的天然气产量,替代了 $1.11 \times 10^8\ t$ 原油消费、$2.56 \times 10^8\ t$ 原煤消费。受其影响的煤炭开采、运输、燃煤火电、煤化工、石油开采、输油、炼厂、石油进口商、石油化工等诸多行业困难重重。美国的天然气上游生产商迫切希望将天然气销往国际市场以获得更高的利润。

美国能源部从 2011 年开始批准建设 LNG 出口终端,包括位于路易斯安那州的

Sabine Pass 和 Lake Charles,位于得克萨斯州的 Freeport,以及马里兰州的 Dominion。美国能源部在 2013 年 11 月中旬又批准了 Freeport 的第二个出口终端。在乌克兰冲突发生前不久,美国能源部批准了桑普拉能源公司(SempraEnergy)位于路易斯安那州的卡梅隆 LNG 出口终端。这些项目都集中在美国东海岸,因为欧洲是最佳的目标市场,不仅需求巨大,长期稳定,而且价格承受能力更强。根据市场销售预期,美国新增 LNG 产量的大部分将在 2015 年后陆续输往欧洲。目前美国能源部的申请名单上有二十多个 LNG 终端项目等待审批。2012 年,美国天然气销售量更是达到 7 160 × 10^8 m^3,较 2006 年增加 30%。

从 2013 年起就有业内专家提出美国将有可能在 2020 年之前,全面挑战俄罗斯在欧洲天然气市场的垄断地位。受国内天然气田产量日趋衰竭的影响,欧洲对进口天然气的依赖度与日俱增,欧洲需要额外的 LNG 供应来源。到 2018 年,美国、澳大利亚、俄罗斯、东非和加拿大新建的 LNG 项目,将令全球 LNG 产量翻番至每年 6 × 10^8 t。美国莱斯大学贝克公共政策研究所的一项研究显示,美国页岩气产量的增长将削弱俄罗斯在全球能源市场的影响力。贝克研究所在一份题为《页岩气和美国国家安全》的研究报告中指出,到 2040 年,俄罗斯在西欧天然气市场所占的份额将从 2009 年的 27% 降至 13%。如果没有美国的页岩气,俄罗斯、委内瑞拉和伊朗到 2040 年将占全球天然气供应市场约 33% 的份额,而因为有了美国的页岩气,这三国所占份额将降至 26%。因此可以看出国际天然气市场争夺之战在美国宣布页岩气革命成功时就已经开始了。

3. 全球天然气及能源市场竞争格局的改变

美国页岩气革命不仅直接影响美国国内的能源格局,而且还对全球能源格局产生了深刻的影响,这些影响远远超越了天然气市场的藩篱。

页岩气革命造成的天然气产量增加使得美国向东亚、向欧洲出口 LNG 变为可能。由于天然气市场存在着亚洲溢价,东亚的天然气消费国向中东气源国支付的气价大幅高于欧洲,更远高于美国国内价格。根据 BP 世界能源统计年鉴的数据,2013 年美国亨利中心的天然气价格为 3.71 美元/百万英热单位[①],日本天然气到岸价为 16.17 美元/百万英热单位,德国平均进口到岸价为 10.72 美元/百万英热单位,英国 NBP 价格

---

① 1 百万英热单位(MBtu) = 28.3 立方米(m^3)。

为 10.63 美元/百万英热单位。由于美国国内天然气价格同其他地区的市场价格存在巨大的价差,日本、中国等东亚国家希望能够通过从美国进口 LNG 来缓解亚洲溢价的现象。有日本分析人士预测,未来日本从美国进口天然气的话,其到岸价格有望比中东价格低 1/3,达到 10 美元/百万英热单位左右。

除了东亚国家希望从美国进口天然气以外,目前欧洲国家希望从美国进口天然气的呼声也越来越高。传统欧盟市场中 1/4 的天然气供给来自俄罗斯,在欧盟 28 个成员国中,对俄罗斯天然气供应 100% 依赖的有 5 个国家,超过 50% 依赖的有 11 个国家。由于乌克兰局势引发俄罗斯同西方国家之间的对立,欧洲国家希望减少对俄罗斯能源依赖的意愿变得越来越迫切。尽管关于未来美国天然气出口到欧洲的经济性还存在质疑的声音,但是来自美国的天然气无疑成为欧洲人的重要选择之一,而且还是没有政治风险的选择之一。

美国页岩气革命自然威胁到了天然气出口大国的利益,这其中就包括俄罗斯。当欧洲国家在能源脱俄罗斯化的道路上越走越远,俄罗斯不得不寻求出口地的多元化,转向亚洲成为其重要的战略选择。从这个角度看,俄罗斯和中国就天然气管道达成协议在一种程度上可以被视为美国页岩气革命的产物。

除了天然气市场,美国的页岩气革命还极大影响了美国及全球煤炭市场。由于近年来美国天然气产量增加,天然气价格下降,美国煤炭价格已经失去了竞争力。有分析人士计算,2010 年之前,单位天然气的价格通常是煤价的 2 倍以上。但随着页岩气产量大幅增长,两者的比价在 2010 年开始降至 2 以内并继续下滑,而到 2012 年,两者的比价已经低于 1。加上其他各种因素的交织,美国煤炭企业开始集体遭受越来越多的压力和冲击。根据美国能源信息署数据,2011 年燃煤电厂装机占电力装机的比重为 42%,较上年下降 3 个百分点,而天然气发电装机的占比上升至 25%,连续 3 年上升。在 2011—2015 年美国新规划的电厂中,以煤炭为燃料的占比分别为 19.03%、18.31%、2.42%、6.28% 和 0.49%,而天然气为燃料的电厂在 2011—2015 年的规划中平均占比为 54%。美国的燃煤发电比重已经从 2011 年同期的 46% 跌至 2012 年的 37%。

美国国内煤炭市场的萎缩导致美国不得不寻求更多煤炭出口的机会。由于欧洲市场不景气,美国煤炭开始重视亚洲市场,中国是其重要的客户之一。有分析人士计算,美国煤炭的坑口价格在 7~10 美元/吨,加上超过 20 美元/吨的运输费,离岸价格约在 40 美元,即使按照最贵的运费 50 美元/吨计算,到中国的价格依然可以控制在 100 美元/吨以内。2012 年和 2013 年对中国煤炭价格下降幅度接近 40%。虽然中国从美国进口的煤炭量有限,但是仍然可以看出低价进口煤炭的边际效应的冲击是导致中国国内煤价大幅下滑的主要原因之一。这使得中国的能源结构调整更加难以实施,无论是天然气,还是可再生能源的进一步发展,都会面临这一挑战。可见页岩气革命影响范围之广以及影响程度之深远远不止限于天然气产业自身。

二、 带来丰厚的商业价值

1. 气价和电价下降

页岩气产量的大幅增长打破了美国市场原有的供需平衡,导致其国内天然气价格和进口天然气价格骤降(图 2 - 1)。

图 2 - 1 1998—2016 年美国亨利中心天然气期货价格变化(据美国能源信息署)

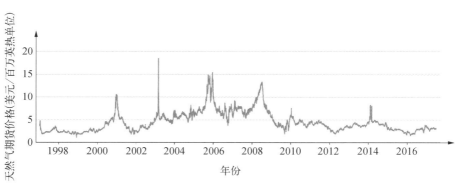

现阶段,美国的天然气气价无论是民用、商业还是工业用气的价格都低于中国。美国民用气价与中国相似,略低一点,但是工业用气价格比中国低将近 79%。甚至在美国 2008 年气价很高时,工业、商业气价也低于中国现阶段天然气价格水平。2008 年 6 月,除了井口价和民用天然气价格高于中国现阶段天然气价外,其余均低于中国天然气价格水平。

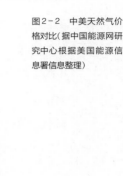

图2-2 中美天然气价格对比(据中国能源网研究中心根据美国能源信息署信息整理)

燃料价格的变化对电力价格有着显著的影响。在美国,燃料成本占到发电总成本的40%,因此天然气的低价格也意味着更便宜的电力价格。当前,美国最大的电力需求来自民用,消费占比达到38%,其后是商业和工业,分别为35%和27%。更低的电力价格给居民增加了更多的可支配收入以及更多的消费信心,商业用户也减少了运营成本,美国国内的制造业也相比于国际上的竞争者获得了更多的成本优势。这些积极的因素对正从衰退中缓慢复苏的美国经济而言意义重大。

2. 增加就业

剑桥能源咨询公司预测,美国2010年页岩气产业为美国提供了60万份工作岗位,直接拉动了农业、采矿业、建筑工程业、制造业、交通与基础设施、零售批发业、服务业以及政府方面的就业,间接增加了农业、服务业等领域的工作。到2035年,页岩气产业提供的就业岗位增长将接近3倍,达到166万份岗位,如表2-1及图2-3所示。

3. 财政税收增加

页岩气的成功开发增加了美国联邦、州和地方政府的财政税收收入。据IHS统计,2010年页岩气为政府提供将近190亿美元的财政收入,占美国当年财政总收入的4%,随着页岩气开采扩大,这部分税收将持续增加,到2020年,页岩气产业将为政府提供370亿美元收入,2035年将达到570亿美元,如表2-2所示。

表2-1 页岩气提供就业岗位数量（据 IHS Global Insight，2011）

年　份	2010	2015	2020	2025	2030	2035
直接机会	148 143	197 999	248 721	241 726	278 381	360 335
间接机会	193 710	283 190	369 882	368 431	418 265	547 107
衍生就业机会	259 494	388 495	504 738	512 220	576 196	752 648
总　　计	601 348	869 684	1 123 341	1 122 377	1 272 841	1 660 090

图2-3 页岩气拉动就业（据 IHS Global Insight，2011）

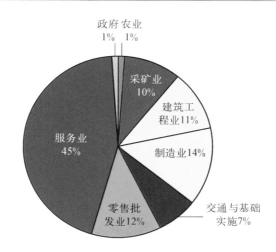

表2-2 美国与页岩气有关的财政收入（据 IHS Global Insight，2011）
单位：百万美元

年　份	2010	2015	2020	2025	2030	2035	2010—2035
联邦税收	9 621	14 498	18 850	19 191	21 552	28 156	464 901
个人所得税收	7 513	11 142	14 472	14 604	16 475	21 521	356 050
公司缴纳税收	2 108	3 357	4 378	4 586	5 077	6 636	108 852
地方政府税收	8 825	13 827	17 932	19 460	22 022	28 536	459 604
个人所得税收	1 285	1 914	2 485	2 515	2 833	3 700	61 196
公司缴纳税收	5 973	9 460	12 313	12 890	14 276	18 647	306 242
开采税收	1 175	1 828	2 330	3 000	3 634	4 570	68 321
从价税收	392	626	805	1 054	1 279	1 620	23 845
联邦特许权收入	161	239	293	362	440	583	8 534
总财政收入	18 607	28 565	37 075	39 012	44 014	57 276	933 039

4. 土地所有者收益增加

美国私有土地租赁费用差距很大,从 1 美元/英亩到 5 750 美元/英亩不等。大部分低于 50 美元/英亩的租赁合同是在 2006 年前签订的,2008 年每英亩土地的租赁费用上涨到 1 000 ~ 3 000 美元,而到了 2009 年,70% 的租赁合同是按照每英亩 3 000 美元的费用签订的。2010 年,美国私有土地所有者获得近 1.8 亿美元的租赁收入,这一数字在 2035 年将超过 8 亿美元,如图 2-4 所示。

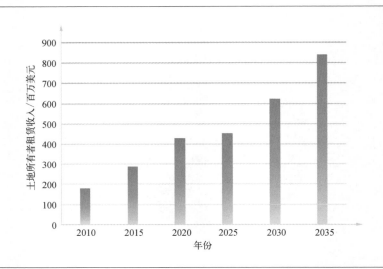

图 2-4 私有土地所有者租赁收入(页岩气)(剑桥能源,2012)

三、 促进产业经济发展

1. 页岩气产业自身

持续低迷的天然气价格一定程度上影响了页岩气企业开发的积极性。ARC 金融研究资讯公司认为,全美前 34 家天然气生产商每个季度平均需要约 220 亿美元的资金来保证美国国内天然气供应,其中仅现金流一项就需要约 120 亿美元。按照目前的天然气价格,很难保证这些天然气生产商有足够的收入,因此,有些企业只能采取贷款、甚至出售部分资产的方式,来获得足够的资金。这些企业一般为独立的页岩气生产商,而购买这些资产的往往是那些大型的、上下游一体化的跨国石油公司,如埃克森美孚和壳牌等。它们开始取代中小型独立天然气公司,成为美国页岩气开发的主力。美国天然气的总产量并没有因为独立公司的停产而下降。

2. 常规天然气产业

美国页岩气产量的持续增长,预计可能促使天然气出口量增加。目前,美国有六家公司申请国内生产的天然气作为 LNG 出口的许可证,将近 82×10^8 m³,已计划出口的 LNG 累计占美国天然气产量的 12.5%,如表 2 - 3 所示。

表 2 - 3 美国 LNG 出口终端站计划建设项目(据美国国会研究中心,2011)

项目名称	业 主	建设地区	容量×10⁻⁸ /(m³/a)	现 状
Sabine PassLNG 终端站	Cheniere 能源公司	路易斯安那州	227	获得 DOE 的有条件批准,可以出口到 FTA 国家和不是 FTA 的国家;FERC 申请状态为待定
弗里波特 LNG 终端站	康菲石油,其他公司	得克萨斯州	145	获得 DOE 的有条件批准,可出口到 FTA 国家,但是关于出口到不是 FTA 国家的批准状态是待定
莱克查尔斯终端站	南方联盟	路易斯安那州	207	获得 DOE 的有条件批准,可出口到 FTA 国家,但是关于出口到不是 FTA 国家的批准状态是待定
加勒比能源	加勒比能源公司	—	3.4	获得 DOE 的有条件批准,可以出口到 FTA 国家:南美洲、中美洲和加勒比国家
Dominion Cove LNG 终端站	Dominion 资源公司	马里兰州	124	出口到 FTA 国家 DOE 申请状态为待定

美国页岩气的发展还将影响北美 LNG 的进口。由于当前美国天然气市场处于供过于求和高库存的状态,北美发展 LNG 的空间已经缩小,这迫使一些 LNG 出口商将出口目标从美国转移到欧洲和亚太市场。因此,今后将有更多的 LNG 进入欧洲和亚太地区,并可能导致现货价格降低和长期合同发生。目前 LNG 长期合同定价与石油挂钩,未来随着 LNG 供应的进一步宽松,可能会有更多用户转向现货市场,并促使 LNG 价格降低,并十分具有竞争力。LNG 出口成本主要包括三个部分:① 天然气上游成本价格,美国 2012 年 4 ~ 6 月天然气平均价格为 2.33 美元/百万英热单位,约为 0.53 元/立方米;② 中游液化成本,因美国改建的 LNG 出口项目的码头、储罐、管道等

大量基础设施无须重复建设,美国Sabine Pass的液化成本为1.5~2美元/百万英热单位,约为0.34~0.45元/立方米;③ 运输成本,根据Cheniere公司的估计,从美国墨西哥湾将LNG运输到韩国市场的航运成本为0.7元/立方米,假设运输到中国的航运成本为1元/立方米,美国LNG运输到中国的成本最高为1.98元/立方米,远远低于国内2012年7月24日上海石油交易所进口LNG现货价3.3元/立方米(图2-5)。

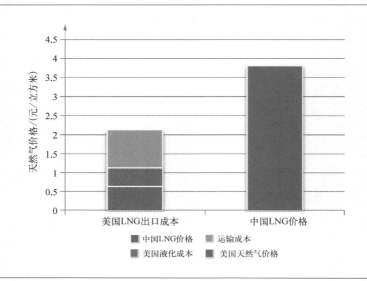

图2-5 美国出口 LNG成本与中国LNG 价格对比(罗伟中等, 2012)

目前,美国对天然气是否出口具有争议。一些计划安装天然气设施的各大州的国会代表表示支持天然气出口,是因为美国天然气出口将改善美国的贸易逆差,增加出口创汇。同时,将降低能源的对外依存度,减少对保障能源安全方面的费用支出。这些都将在一定程度上解决美国财政赤字问题。

部分重化工业和制造业的国会代表表示反对出口天然气,这有两个主要原因。一是认为出口有损美国能源安全。天然气出口有可能减少国内供应,降低天然气作为美国一种重要战略资源的价值,同时,出口天然气将驱动页岩气大开发,给美国地质环境带来难以预计的负面影响。另一方面,他们认为天然气在本土使用将重新复苏重化工业和制造业,并且将带来一系列连锁效应,如增加就业、增加化工产品出口、提高企业国际竞争力等。

3. 改变天然气定价体系

因美国页岩气产量的影响,国际天然气定价体系发生了一定的变化,主要表现在以下三个方面。① 改变了传统的与油价挂钩的定价方式: Cheniere 能源公司的出口合同与美国天然气"亨利中心"的现货价格挂钩,将按照不同准则、不与石油价格挂钩的定价方式向亚洲出售 LNG;② 改变了照付不议规则: Cheniere 能源公司的出口合同就摒弃了照付不议规则,购买商的购买量可以低于合同规定的数量;③ 改变固定终点站条款限制: LNG 出口合同中取消了原先的固定终点站的条款,现阶段可把合同规定买方的气卖给别人而从中获得更大的价值。

美国天然气高库存状态以及出口定价体系的变化,使美国将更多的天然气出口至欧洲和亚太市场,将使全球 LNG 定价权西移至美国。美国的天然气出口已经对欧洲国家的天然气价格产生了一定的影响。从区域上看,亨利中心价格主要影响北美及环太平洋地区天然气交易,NBP 价格主要影响欧洲大陆天然气交易,日本 LNG 价格主要影响亚洲地区的天然气交易。

图 2-6 可以看出 NBP 的价格走势与亨利中心的价格走势保持一致,由此可以判断,美国页岩气持续增加不仅影响了美国和北美地区的价格,同时也对欧洲大陆的天然气价格产生了一定的影响。日本 LNG 价格走势未表现出与亨利中心价格走势保持一致,这可以说明现阶段美国页岩气的增加并未对亚洲国家产生实质性冲击。但是,

图 2-6 2007—2011 年世界主要国家天然气价格趋势(据美国能源信息署)

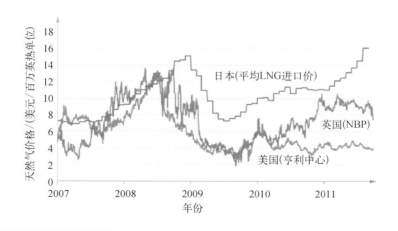

随着 Cheniere 能源公司 LNG 终端站的批准,天然气出口亚洲的数量将不断增加,并且出口协议的定价是与美国天然气市场价格挂钩的,因此亚洲天然气市场的价格将在未来几年内发生一定变化。

四、 重塑实体经济产业布局

1. 电力市场结构调整

因产量增加、气价下降,天然气的应用市场也发生了一定的变化,电力市场用气和工业用气也在逐渐提高。

2001—2011 年,燃气发电占美国总发电量的比例从 17.1% 跃升到 24.7%,同期电力部门对天然气的需求从 $1\,500 \times 10^8\ m^3$ 增加到 $2\,153 \times 10^8\ m^3$。美国能源信息署数据表明,到 2017 年美国天然气需求将增加 $900 \times 10^8\ m^3$,其中的 3/4 将来自电力部门。

与燃气发电相比,美国燃煤发电占比则在不断下滑。如果从页岩气产量开始显著增加的 2006 年计算,到 2011 年美国燃气发电量增加了 200 万亿瓦·时,而煤电则减少 256 万亿瓦·时。同时,美国电煤需求在 2012 年下降 5%,为 8.84 亿吨,这是自 1995 年以来的最低水平。

在 2011 年日本福岛核泄漏事故前,美国核电行业正在复苏,然而天然气价格的持续低位则对这一过程产生了显著影响。例如自 2009 年 6 月以来,美国联邦监管机构就一直没有收到修建新核反应堆的申请。

在美国,燃气发电的发展对可再生能源,尤其是风能和太阳能这种间歇式可再生能源,也产生了复杂的影响。美国太阳能光伏发电成本在 111 ~ 181 美元/兆瓦·时,无补贴的新的风电项目发电成本在 60 ~ 90 美元/兆瓦·时。当天然气价格在 3 美元/百万英热单位时,美国常规燃气电厂的发电成本在 71.5 美元/兆瓦·时(无政府补贴),新型 CCGT 燃气电厂发电成本甚至更低,为 52.1 美元/兆瓦·时。即便天然气价格提高到 5 美元/百万英热单位,一个常规燃气电厂的发电成本也就在 66.1 美元/百万英热单位,光伏和风电发电较难与燃气发电竞争。同时,美国联邦政府对清洁能源的财政支持已经从 2009 年的 443 亿美元顶峰回落到 2011 年的 307 亿美元。缺乏更多财政上的支持,单独的风电和光伏发电项目很难盈利,投资者对可再生能源的热情更可能转向燃气发电。

2. 交通运输业逐渐替代石油

因天然气产量过剩,价格低廉,美国更多的地方选择使用天然气作为交通燃料。据美国能源信息署数据,2011 年美国用于交通运输的天然气约 230×10^4 m³/d,预计 2020 年将达到 450×10^4 m³/d。

天然气燃料替代传统的石油主要体现在两个方面。第一,公共运输业。根据美国天然气机动车协会的统计,2011 年美国境内购买的将近 40% 的垃圾清运车和 25% 的公交车都使用天然气作为动力。在过去的几年里,为了支持天然气的应用,美国已经投入数十亿美元用于气井、管道和天然气加气站等基础设施建设方面。第二,重型卡车。如美国最大的气体运输燃料供应商——清洁能源燃料公司(Clean Energy Fuels Corp)2012 年底在美国 33 个州开张了 70 个 LNG 站,2013 年建成并投入运营了 150 个 LNG 站。

使用天然气作为交通运输燃料在成本、环境和国家财政支出方面产生了一定的影响。

(1)将会降低运输成本。如果使用一辆耗能为 1 L 压缩气行驶 7 km 的 CNG 的卡车每年跑 4×10^4 km,每年将会在燃料费用上节省 2 200 美元。CNG 卡车运行里程越多,节省的燃料费用就会越多。

(2)减少对石油依存度,减少军费支出。减少对石油的使用,将促使美国对石油的进口的减少。同时,也将减少因保障石油安全供应方面的军费支出。

(3)减少二氧化碳的排放量。根据加利福尼亚空气资源委员会的研究报告,天然气汽车比柴油和汽油汽车可减少 20% ~ 30% 的二氧化碳排放量。

3. 重化工业复苏

页岩气成为新宠,不仅深刻影响天然气市场格局,而且开始改变美国一些高能耗的重化工业的命运。

五年前,天然气价格高昂迫使一些化工企业停止了在美业务。但随着页岩气不断开采,天然气低廉的价格为以天然气为主要原料的重化工业增加了成本优势以及出口贸易量。由于能源成本下降明显,美国的化工、制造业出现"回流"现象,产业竞争力有所提升,相关产品出口的比重也大大提高(图 2 - 7)。

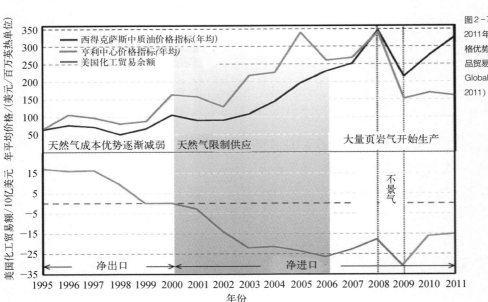

图2-7 1996—
2011年天然气价
格优势与化工产
品贸易关系(IHS
Global Insight,
2011)

目前,相关企业正在启动再建化工厂的计划,以低廉的天然气为原料生产乙烯、合成氨、化肥和柴油燃料等产品。化工厂开工率已由三四年前的不到60%,上升到现在的93%以上,其盈利水平甚至已经超过中东地区。例如,陶氏化学公司计划斥资40亿美元,扩大其在美化工业务。埃克森美孚、壳牌、康菲甚至一些印度和日本的石化公司也纷纷计划在美国兴建新的乙烯工厂。

根据分析,美国的乙烯成本已从几年前的1 000美元/吨,下降到目前的300美元/吨,而亚洲为1 717美元/吨,沙特为455美元/吨。在过去两年中,有关企业已宣布2019年美国乙烯产能增加1 000万吨的计划,该计划可使全球乙烯产能增加10%,几乎占所有国家计划新增产能的一半。

同时,曾经失去出口优势的聚氯乙烯产品(PVC),在过去几年中的净出口增长了4倍,从2006年的50万吨增加到2011年的270万吨。仅中国2011年从美国进口的以乙烯计的基础化学品,就超过了200万吨。目前欧洲、亚洲的大宗基础化学品几乎是全行业严重亏损,但反观美国,其化学品2011年出口额为1 890亿美元,同比增长了 11%。

乙烷、丙烷等页岩气副产品价格跌至 10 年来最低。得克萨斯州能源中心基准乙烷价格跌至 29.5 美分/加仑,是 2011 年中旬以来的最低水平,较 2010 年下跌 60%。一些主要交付中心的乙烷价格已经跌至 8 美分/加仑,其中包括堪萨斯州的康威。

4. 制造业成本下降

美国国内能源价格走低和自给率提高,降低了美国制造业的能耗成本,美国国内的制造业也相比于国际上的竞争者获得了更多的成本优势,从而推动了制造业回流。在 2012 年的国情咨文中,福特汽车、通用汽车、卡特彼勒及其他很多美国制造商提出将在美国创造更多就业机会的声明,这印证了美国汽车制造业的就业和制造业向本土回归的迹象。

第二节   对世界能源体系与地缘政治的影响

页岩气的成功开发改善了美国的能源供需结构,提高了能源自给水平,能源安全得到进一步保障。美国能源信息署关于美国 2010—2035 年的天然气产量预测数据显示,美国页岩气的大规模开发将实现对天然气进口的有力替代。假如不考虑页岩气产量,美国天然气的对外依存度可能达到 47%。毫无疑问,成功开发页岩气保障了美国的能源安全。

同时,页岩气产量增长使得美国国内天然气可能大比例取代煤炭应用于发电,这将有助于美国国内经济实现清洁生产目标,尤其是能够促进二氧化碳减排,从而增强其在应对气候变化方面的主导权和话语权。

美国页岩气产量的大幅增加还将削弱中东地区 LNG 的竞争力,因为页岩气产量的增加导致天然气价格下跌,并刺激了天然气消费。美国页岩气产量的大幅增加还将帮助消费国与潜在的"天然气欧佩克"之间的博弈,或者说对抗像俄罗斯这样的能源大国控制全球市场的局面。

与此同时,美国页岩气的成功开发不仅影响美国自身,更会对全球产生辐射和示范效应,具体表现为全球范围的"页岩气热"。目前已有40多家跨国石油公司在欧洲寻找页岩气,埃克森美孚公司已开始在德国进行钻探,雪佛龙公司和康菲石油公司开始在波兰进行勘探,奥地利 OMV 公司在维也纳附近测试地质构造,壳牌公司将页岩气勘探目标锁定在瑞典。能源供应大国俄罗斯尽管具有超大规模的常规天然气储量,但也还是做好了开采页岩气的准备。中国、印度尼西亚等亚洲国家以及非洲的南非等都不同程度地进行着页岩气的发展规划。

第三章

页岩气热潮背后的生态环境风险

第一节　　页岩气勘探开发工艺

　　页岩气勘探开发包括钻探工程和地面工程。其中钻探工程由钻前工程、钻井工程和试验工程组成；地面工程则包括天然气集输工程、供水工程、道路工程和供电工程等（图3-1）。根据北美页岩气开发实践，上述勘采过程会对水资源、土地资源和大气环境等产生一定影响。因此，对页岩气开发各环节对生态环境的影响方式和程度进行系统识别和测算，有助于促进页岩气产业可持续发展。

图3-1　页岩气勘采工
艺(刘小丽等，2016)

钻前工程　设备搬运安装　钻井（固井）　油气测试　天然气集输

第二节　　生态环境风险

　　伴随着公众广泛关注水力压裂对环境和社区的影响，水力压裂技术已经引起了高度的争议。许多地方对页岩气的反对主要源于页岩气对地表水和地下水的潜在污染，诱发地震的可能性，及对噪声、交通和土地使用的影响。同时，页岩气发展对气候变化的影响（甲烷的排放）也加大了人们的担心。

　　表3-1描述了页岩气开采活动中可能对环境产生的各类影响。这些风险包括增加溶解性总固体（Total Dissolved Solids，TDS）、有机和无机化合物、无放射性的核材料、金属等。

　　发展页岩气的底线应是充分掌握并减少页岩气发展对环境的影响。合理的、全面的环境标准法规有助于实现这个目标。负责任的页岩气开发包括以下内容。

表3-1 与页岩气
开发相关的环境
影响①

开发活动	水质的影响	水量的影响	其他环境影响
勘探	雨洪的管理,保护水生物种		生态栖息地的保护,噪声,交通
场地准备	雨水的管理,保护水生物种		土地利用变化,生态栖息地的保护,噪声,交通
垂直和水平钻井	钻井废弃物和废水的管理(现场、蒸发塘或污水处理厂)	水被用于钻井	地球物理的改变,生态栖息地的保护,噪声,交通
水力压裂	压裂废水的管理与回收(现场、蒸发塘或污水处理厂)	水被用于压裂	地震的诱发,噪声,交通
井产	返排水/产生的废水		空气污染(甲烷和挥发性有机化合物)
当地或者异地天然气加工		水被用于天然气加工	空气污染(甲烷和挥发性有机化合物)

(1) 采取相应的政策措施保证在天然气开发系统中将甲烷泄漏控制在最小程度,确保煤改气的气候效益。

(2) 采用相应的环境保护法规和标准,具体包括:

① 减少与页岩气开发相关的大气污染物及挥发性有机化合物排放,并保护当地空气质量;

② 保护地表水和地下水资源,防止水环境污染;

③ 在整个开发过程中,确保钻井的合理施工和水力压裂产生废弃物的合理处理。

(3) 采取相应政策和措施,以确保在页岩气开发过程中对土地使用的影响最小化。

(4) 评估以及管理整个页岩气开发周期中可能产生的风险,包括水和空气的污染,栖息地的退化,及诱发地震的可能性。

页岩气开发过程中,由于水量和水质带来的风险最为显著,下文就此作了详细的介绍。此外,也对甲烷逸散风险和引发地震的风险作了简要的介绍。

① http://www.wri.org/publication/defining-shale-gas-life-cycle,http://www.rff.org/centers/energy_economics_and_policy/Pages/Shale-Matrices.aspx。

一、水消耗与污染

在页岩气开发的环境影响争论中,最引人关注的是页岩气开发核心技术(水平井和水力压裂)对水资源的影响。在水力压裂过程中,需要将大量含有化学添加剂的水(压裂液,Fracking fluids)和泥沙以高压注入地下井,压裂岩层构造并形成裂口,使其成为页岩气导向钻井的渗透通道。这一过程需要消耗大量的水资源,而压裂液和压裂废水如果处理不当,可能对环境造成严重的污染。

图3-2列举了页岩气开发寿命周期内的主要涉水环节(用符号"W"表示)。其中水的投入和产出(即水的使用和废水生产)主要集中在材料的获取及生产两个阶段,对水的影响表现在短期内大量的耗水以及开发过程中对地表水、地下水的潜在污染。

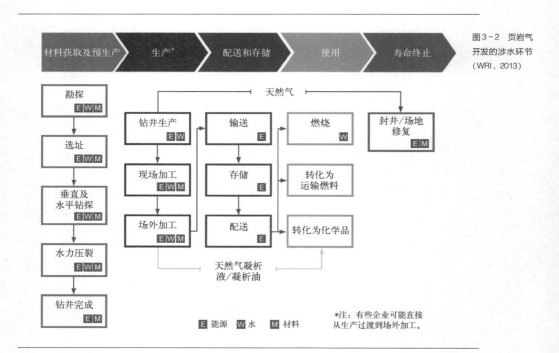

图3-2 页岩气开发的涉水环节(WRI, 2013)

1. 在短期内消耗大量的水资源

页岩气开发最具争议的一个问题就是水力压裂工艺在短期内对水资源的大量消耗。

在开采页岩气时,水主要用于水平井钻探和水力压裂。水平井钻探过程中需要水来清除沙砾、冷却钻头和控制钻探压力,其用水量在 6 万~ 60 万加仑(约 250 ~ 2 270 m³),其中主要的用水发生在水平压裂阶段。钻井完成后,需要通过高压注入含有水、沙子和化学品的压裂液以破裂页岩层。根据美国现有页岩气井的经验,在 15 ~ 30 天的压裂期中,平均每口井的需水量为 200 万~ 500 万加仑。以切萨皮克公司单井为例,450 万加仑(约 17 000 m³)的压裂耗水量相当于 10 万中国城镇居民 1 天的用水总量(按 2010 年全国城镇居民日均生活用水量 171 L 计)。

钻井和压裂的用水量因页岩气田的类型不同而存在较大差异。图 3 - 3 比较了美国(Eagleford、Haynesville、Marcellus、Fayetteville 及 Barnett)和中国(陕西延长)部分页岩气田的开采用水量。其中, Eagleford 气田的用水量比 Barnett 气田高 49%;中国陕西延长气田的单井用水量为 20 000 m³,略低于 Marcellus 气田,但高于 Fayetteville 气田。

图 3 - 3 不同页岩气田开采用水量的比较(据 KPMG, Watered-down: Minimizing water risks in shale gas and oil drilling; China5e)

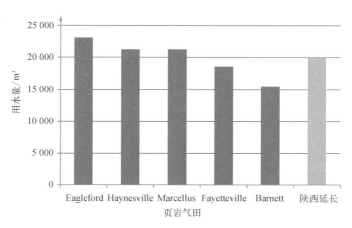

由于页岩气开采的用水集中在钻井和压裂的 30 ~ 90 天,而在漫长的产气过程中(5 ~ 40 年)需水量很小。因此,从寿命周期的角度分析,页岩气的单位水耗是比较小的。表 3 - 2 列举了美国主要页岩气田的单位用水量,平均值为 1.30 加仑/百万英热单位,低于除常规天然气之外的大多数非可再生能源(图 3 - 4)。

页岩气田	单井用水量 /加仑	单井页岩气产量 /立方英尺	单位用水量 /（加仑/百万英热单位）
Haynesville	5 600 000	6 500 000 000	0.84
Marcellus	5 600 000	5 200 000 000	1.05
Barnett	4 000 000	3 000 000 000	1.30
Fayetteville	4 300 000	2 600 000 000	1.61
平　均　值			1.30

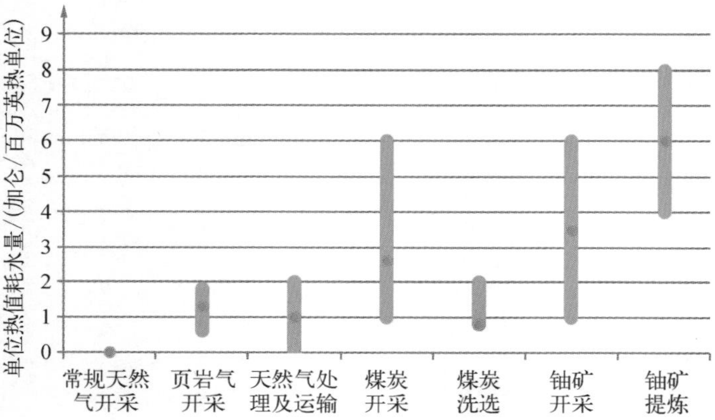

表3-2 典型页岩气田的单位用水量（据 Chesapeake Energy）

图3-4 主要非可再生能源开采、处理中的水耗（据 Water Consumption of Energy Resource Extraction, Processing, and Conversion）

　　需要注意的是，页岩气单位水耗较低是由于其单井产量高、生产周期长形成的"稀释效应"。在钻井和压裂阶段，需要短期内投入大量的淡水。所以，页岩气能否成功开发的一个关键因素是在不干扰当地生产、生活正常用水的前提下，当地水资源的供水能力是否能够满足页岩气井的钻探与水力压裂用水。也就是说，水资源匮乏地区页岩气的开发存在很大的风险。中国陕西北部地区近期在试开采的过程中就遇到了麻烦，致使当地官员不得不暂时中断附近城市的供水。

　　与水资源相类似，页岩气资源在全球的分布是不均匀，且在大多数情况下，水和页岩气的地理分布并不一致。例如中国、阿尔及利亚、墨西哥以及南非拥有世界上最丰富的可采页岩气资源，但这些地区淡水资源相对匮乏，面临着非常高的基线用水压力（表3-3）。

表３-３ 420个页岩气资源最丰富国家的基线用水压力比较（WRI，EIA，2013）

排 名	页岩气技术可采储量	国 家	页岩气开发的水压力
1	1 115	中 国	3.3
2	802	阿根廷	1.6
3	707	阿尔及利亚	4.8
4	573	加拿大	1.5
5	567	美 国	2.3
6	545	墨西哥	3.2
7	437	澳大利亚	0.9
8	390	南 非	3.6
9	287	俄罗斯联邦	0.4
10	245	巴 西	0.0
11	167	委内瑞拉	0.7
12	148	波 兰	1.3
13	137	法 国	1.7
14	128	乌克兰	1.6
15	122	利比亚	4.8
16	105	巴基斯坦	4.1
17	100	埃 及	4.1
18	96	印 度	3.3
19	75	巴拉圭	2.4
20	55	哥伦比亚	0.0

根据分析，全球40%的页岩气资源位于基线用水压力较高或极高的地区。在用水压力高的地区，现有用水户（农业、市政生活或工业用水）已经超量开发了有限的水资源，页岩气开发可能面临严重的用水短缺。如果没有科学有效的治理，这些地区将很难在干旱年份维持可靠的供水，或者确保生态系统对水的需求。因此，这些地区对干旱和用水竞争非常脆弱，对页岩气发展造成重大风险。

此外，全球30%的页岩气资源分布在现有的工业集中区和居民区。在这些地区，大部分水被用于工业生产和居民生活。在页岩气开发过程中，水平钻井和水力压裂将消耗大量的水资源，可能与工业和家庭用户形成用水竞争，并可能迅速升级为社会矛盾或社会冲突，这将对页岩气开发企业造成更大程度的不确定性以及企业声誉风险。

2. 压裂可能对环境造成污染

水力压裂过程中不仅需要大量的用水，同时还需要向井下注入大量沙石和含多种化学添加剂的压裂液。压裂产生的返排废水(flowback water)和采气废水(produced water)中含有高浓度的污染物,如果管理、处置不当,就会对环境造成污染。

压裂液中添加的化学药品主要是杀菌剂、阻垢剂、润滑剂、破乳剂、表面活性剂和酸等。由于页岩气储存的地质结构差异较大,不同气田需要使用的化学品也不一样,一个典型的北美气田需要在其压裂液中用到 3～12 种药剂,药品的含量在压裂液中占 0.5%～2%。在页岩气行业广泛使用的数百种化学品中,至少有 29 种对人类健康存在潜在威胁,其中 13 种属于致癌物质。

在美国,虽然已经有 14 个州要求页岩气生产商公开压裂液的化学成分,但是很多情况下,公司可以将化学品组成申报为商业机密,从而获得信息公开的豁免权。这些化学品可能在压裂过程中通过自然断层、裂隙、透水岩层、附近不恰当的弃井和完成井泄漏进入地下蓄水层,并可能造成环境污染。

在完成压裂后,一定比例的压裂液(一般情况下为 8%～20%)在压力释放后会回流至地表,即返排废水。根据不同地区的页岩气储存构造,返排废水总量为 42 万～250 万加仑(1 600～9 500 m^3),这部分废水除了含有化学添加剂、重金属和放射性元素,还含有高浓度的盐类和化学需氧量(Chemical Oxygen Demand,COD),需要在返排期 (1～2 周)内得到有效处理。

另一方面,由于页岩气层也赋存了油和地下水,在生产过程中也会存在采气废水排放。废水排放量与页岩气田的地质结构息息相关,单井大约在 1～20 m^3/d,寿命周期废水排放总量可以达到数百万加仑。采气废水的污染物浓度很高,如 COD 浓度是国家污水综合排放一级标准限值的数百倍(表 3-4),且随着开采时间逐步增加。

污染物	采气废水		中国污水综合排放标准	
	浓度范围	中位数	一级标准	二级标准
总悬浮物	17～1 150	209	70	300
COD	228～21 900	8 530	100	150
BOD	2.8～2 070	39.8	20	30
石油类	4.6～655	NA	5	10
氨氮	3.7～359	124.5	15	25

表3-4 采气废水主要污染物浓度与国家排放标准的比较(据 Gas Technology Institute,环保部)

除了含有高浓度的 COD、石油类和悬浮物,返排废水和采气废水含盐量非常高,TDS(衡量水体中盐类浓度的指标)是海水的 2 ~ 8 倍(表 3 - 5),废水的可生化性很差,如不妥善处置会严重威胁地表水和地下水环境。

表3-5 页岩气产气废水中的含盐量比较(据 David Alleman, Treatment of Shale Gas Produced Water For Discharge)

产 气 废 水	TDS 浓度范围/(mg/L)	
	低	高
Barnett	500	200 000
Fayetteville	3 000	80 000
Haynesville	500	250 000
Marcellus	10 000	300 000
海　水	30 000	40 000

二、 土地占用和植被破坏

页岩气的勘探、开发和生产过程不可避免井场建设,道路和管道基建等带来的大面积地表清理,同时,页岩气井水力压裂也需要大量施工设备。页岩气井水力压裂液储蓄池的挖掘、压裂设备的布置等使得土地占用面积远大于常规油气藏的钻井井场。在原生态地区,将造成大量的野生植被破坏,影响野生动物的栖息环境,甚至导致局部水土流失和泥石流灾害等;在农垦区,占用大量的耕地资源,加剧土地矛盾。

三、 地震风险

在全球范围内,因为能源开发活动而引发地震的事件多有记录。全球有 154 个能源开发现场曾记录由于或者很可能由于能源开发活动而造成的地震。美国的土地管理局制定了一个"交通灯"系统来监管地热能源的开发。如果开发活动造成了麦加利震级六级或更高的"强烈"震动,系统将暂停("红灯")水力压裂操作;如果开发活动造成了麦加利震级五级较为"温和"的震动,则要求减缓("黄灯")水力压裂操作的力度;如果水力压裂导致麦加利震级四级等"小幅"震动,则操作仍然可以继续进行("绿灯")。

英国皇家协会的一份报告从科学和工程角度为英国页岩气开采和压裂活动带来的风险进行了评估。报告指出页岩气开采带来的地震风险较低,而且由页岩气开发带来的地震很可能比英国自然发生的和由于煤炭开采而引发的地震低一个数量级。另一份研究能源开发技术带来的潜在地震风险的报告指出,压裂技术本身很少会引发有感地震。

尽管如此,在美国有大量石油和天然气开发的地区有越来越多的和震级较大的地震。美国得克萨斯州的环境保护机构已采取行动调查页岩气与地震之间的关系。英国皇家协会建议将环境风险评估强制纳入页岩气全寿命周期的活动,并将地震风险评估纳入其中。美国国家科学研究委员会也建议当发生可能是由水力压裂导致的地震并成为公众关心的问题时,应该开展评估来了解地震发生的原因。监管者和页岩气开发企业需要根据页岩气井的具体情况,评估可能地震的可能性并采取相应的行动来降低风险。

四、 温室气体泄漏

天然气燃烧产生的二氧化碳约为煤炭的一半,因此开发页岩气可替代煤炭的使用。然而,担心甲烷泄漏贯穿了整个页岩气开发的周期。甲烷是一种威力强大的温室气体,其排放贯穿于天然气开采的全过程。以 100 年的时间跨度计算,甲烷是二氧化碳全球变暖效应的 25 倍;如果以 20 年计算,甲烷的全球变暖效应则是二氧化碳的 72 倍。这种气体会导致全球变暖,同时也削弱了天然气相对于煤炭和柴油所具备的温室气体排放优势。

对逸散性甲烷的排放程度,各种报告所持观点不尽一致。但最近研究估计美国的甲烷泄漏率占天然气总产量的 2% ~ 3%,有些报告甚至认为高达 7%。2% 的泄漏率就意味着每年有600多万吨甲烷进入大气,相当于约1.2亿辆汽车的年排放量总和。如果不能在整个页岩气生产周期中把甲烷泄漏率限制在3%以内,任何在煤改气中获取的温室气体减排效益都将丢失。图3-5描述了天然气和煤温室气体排放的比例。

图3-5 从气候角度看,天然气是否比煤更好?(WRI,2013)

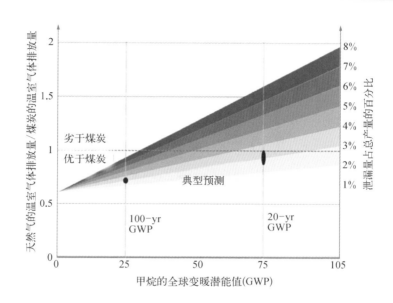

准确计算在整个页岩气发展中温室气体的排放量需要各种相关开采活动的可靠数据,以及这些活动的排放因子。关于可用数据的质量,整个页岩气开采寿命周期均具有不确定性。除康奈尔大学的研究外,其他研究单位均表明非常规井的甲烷排放量最大的不确定性发生在页岩气的生产过程中(图3-6)。这是因为这些研究单位采用了不同的假设,包括水力压裂的频繁度、使用压裂液的频繁度以及在开发过程中控制技术被使用的程度。

页岩气与常规陆地天然气在整个寿命周期中产生的温室气体大致相当,但具体生产环节有所不同,在完井和修井环节,页岩气生产时产生的甲烷大于常规陆地天然气,详见图3-7。

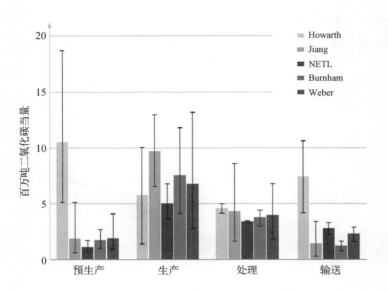

图3-6 不同生产阶段甲烷排放量（WRI，2013）

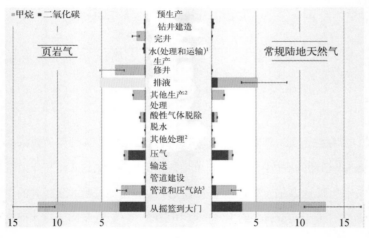

图3-7 美国页岩气与常规陆地天然气在整个寿命周期的温室气体排放详细预测比较[4]（WRI，2013）

注：1. 仅有 Marcellus 的数据。

2. 据"其他生产"和"其他处理"均包括点源和无组织排放（大多数来自阀门）。

3. 包括整个输送系统中的所有燃烧及无组织排放（大多数来自压气站）。

4. 数据来自国家能源技术实验室。但近期的证据显示，页岩气和常规陆地气井都会用到排液的做法。因此，与国家能源技术实验室原来公布排放为零的数据相反，页岩气开采中排液可能产生的温室气体排放与常规陆地天然气开采产生的温室气体排放具有可比性。以100年为单位，甲烷的全球变暖潜能值是25。

五、 公共健康风险

公共健康风险主要包括以下问题。

（1）噪声问题。水平井钻井、水力压裂、井场建设以及后期天然气外输所需的压缩机运行等方面都存在噪声污染。

（2）页岩气压裂过程中使用的压裂液动辄上万立方米，需要大批罐车来回运输，不仅给周边交通造成压力，而且会产生大量扬尘，尤其是非硬化路段。

（3）某些情况下，钻井和压裂过程中会遇到大量的天然放射性物质，如铀、钍及其衰变产物镭元素等，对现场操作人员造成健康风险。

第四章

页岩气产业发展的
国际经验及借鉴
意义

第一节   北美页岩气革命的做法与经验

一、 美国页岩气发展战略及措施

1. 国家能源战略推动

20 世纪两次石油危机以来,历届美国政府都承诺采取措施实现"能源独立",力争实现能源本土供应,减少对外能源依赖。20 世纪末以来,美国又大力推动能源清洁化,越来越倾向于清洁的天然气,不断提高天然气占美国一次能源消费的比重。美国能源战略和能源结构的导向和变化,极大促进了美国页岩气产业的发展。实行能源独立和能源清洁化的战略,是美国页岩气革命取得成功的宏观背景。以此为指导,美国政府出台了一系列推动页岩气产业发展的政策。

2. 政府财税政策支持

在联邦层面,联邦政府通过一系列立法落实对非常规天然气的补贴政策。这些法律包括 20 世纪 70 年代末的《天然气政策法案》《能源意外获利法》、1980 年的《原油暴利税法》、1997 年的《纳税人减负法案》等。《原油暴利税法》第 29 条明确规定:从 1980 年起,美国本土钻探的非常规天然气可享受每桶油当量 3 美元的补贴。该条法案的执行期续延了两次至 1992 年,有效地激励了非常规气井的钻探。1992 年再次进行修订,对 1979—1999 年钻探并在 2003 年之前生产的页岩气实行减免税。美国对页岩气的税收减免政策前后共持续了 23 年。2006 年,美国政府出台新的产业政策,规定在 2006 年投入运营、用于生产非常规能源的油气井,可在 2006—2010 年享受每吨油当量 22.05 美元的补贴。此项政策使得美国非常规气探井数量大幅上升,天然气储量和产量随之大增。在州政府层面,也出台相应的税收减免政策,如得克萨斯州自 20 世纪 90 年代初以来对页岩气的开发免收生产税,实行每立方米 3.5 美分的州政府补贴。这些补贴政策在很大程度上鼓励了页岩气资源开发。

3. 国家支持中小企业参与页岩气开发

美国页岩气的技术创新和商业化主要由中小公司推动,大公司在相对成熟阶段则推动页岩气向规模化发展。美国主要页岩气开采技术都源自中小能源和技术公司,一项技术从研发到商业化可能会经历数个公司间的更替。中小公司实现技术突破和商业化后,大公司在长期性和投资能力上更有优势,其后期介入能够将页岩气市场迅速规模化。美国大型油气公司主要是通过并购拥有页岩区块或开采技术的中小公司,或通过与中小公司合资合作等方式介入页岩气开发。

在美国页岩气发展的初期,政府对中小公司的支持体现在两方面。首先,为了弥补小型公司研究能力的不足,美国政府出资并组织开展了大量的基础研究,极大地促进了页岩气的发展。其次,税收支持,出台了对油气行业实施无形钻探费用扣除、有形钻探费用扣除、租赁费用扣除、工作权益视为主动收入、小生产商的耗竭补贴等多项优惠,大大鼓励了中小企业的钻探开发投资,有力扶持并促进了页岩气的勘探开发。美国还专门设立了非常规油气资源研究基金,积极鼓励美国企业投身于页岩气的勘探开发中,极大地推动了美国页岩气的发展。

4. 重视页岩气开发新技术研发

1976 年美国政府启动东部页岩气项目,全面开展目的层地质、地球化学条件的定性和定量描述、经济评价、增产工艺和钻井、完井工程设计等技术的研发,资助工作一直持续到 1992 年。在专项基金的资助下,美国能源部所属的 Sandia 国家实验室很快研发出包括微地震成图、页岩及煤层水力压裂等技术。为推动本土非常规气的勘探和开发,美国政府成立的非营利性机构——美国天然气研究所(Gas Technology Insitute,GTI)通过整合国内天然气领域技术研究人才,开展非常规能源技术研究。20 世纪 80 年代至 90 年代早期,GTI 组织力量对泥盆系和密西西比系页岩天然气潜力、取芯技术、套管井设计和提高采收率等关键问题进行深入探讨,逐步构建了以岩心实验为基础、以测井定量解释为手段、以地震预测为方向、以储集层改造为重点和以经济评价为主导的勘探开发体系。1991 年,在美国能源部和美国联邦能源管理委员会的共同资助下,得克萨斯州天然气公司 Mitchell Energy 在该州北部的 Barnett 气田成功完钻第一口页岩气水平井,该项目主要技术支持由美国天然气研究院提供。1998 年,同样是在政府的资助下,Mitchell Energy 公司研发了具有经济可行性的清水压裂技术。直到今天,该技术仍为核心技术,被广泛运用于页岩气开发。

5. 完善的配套设施和市场化的价格形成机制

历经几十年发展,美国天然气管网和城市供气网络十分发达,天然气管网总长

356×10^4 km(包含集输、长输和小口径配气管道)。完善的天然气管网降低了页岩气在开发利用环节的前期成本。美国的天然气开发和运输的全面分离,管道对天然气生产商和用户无歧视准入,以及市场化的价格体系,为页岩气顺利进入市场、发挥最大的商业价值创造了条件。

6. 发挥专业化分工协作机制和技术服务的支撑作用

美国多元投资主体与专业化分工服务相结合的开发体制调动了包括风险投资、技术研发、上游开采、基础设施、市场开发、终端应用等各方面的积极性,系统完善且执行到位的监督体制保证了页岩气开发快而有序。美国矿业权人对页岩气矿业权可以采取自主经营或通过市场交易进行出让。在开放的竞争环境下,一大批专业化程度较高、技术优势明显的页岩气技术服务公司,提供水平钻井、完井、固井和多段压裂等工程以及测井、实验测试等专业技术服务。

7. 实行严格的环境监管

在页岩气发展初期,美国并未对页岩气采取特殊的环境监管,对之适用常规天然气的相关要求。适用的法律包括《美国联邦环境法》《清洁水法案》《安全饮用水法》《资源保护和恢复法》及《清洁空气法》等。随着页岩气开采规模的扩大以及对开采带来的环境问题的争论,美国对页岩气的环境监管开始趋严。如 2005 年美国《能源政策法案》将水力压裂从《安全饮用水法》中免除,解除环境保护局对这一过程的监管权力,后通过修改法律,允许环境保护局依据《安全饮用水法》监督页岩气开采活动;颁布 FRAC 法案,要求将水力压裂中使用的化学药剂情况进行披露,以便充分评估其对地下水的影响等。

二、 加拿大页岩气发展战略及措施

加拿大的页岩气资源丰富,页岩富集带多。西加拿大沉积盆地面积大,具有构造稳定、海相沉积发育、页岩埋深适中等条件,有利于油气的生成和保存。为把良好的资源禀赋转化为可以商业利用的产品,加拿大采取了以下四个层面的措施。

1. 国家给予优惠政策

加拿大是除美国以外世界上另一个对页岩气进行商业化开发的国家。其页岩气产业的发展离不开国家政策的大力支持。加拿大政府在制定产业扶持政策时,主要参考了美国的产业政策,例如对生产商提供一定税收优惠,对技术研发项目给予一定扶持,以及在水处理和环境保护方面出台指导意见。主要支持措施体现在以下三个方面。

（1）勘探开采优惠政策

在加拿大从事油气勘探和开采,可享受联邦和省区两级政府的各种税收优惠政策。对于页岩气开发等高风险投入的矿产行业,加拿大财政部将给予税收补贴鼓励,投入当年减免税率为100%,相当于生产前全额减免税率;在生产期,政府还会对高风险、低收益的项目进行一定的税额减免,最高减免额度为项目当年缴纳税额的30%。对于页岩气勘探开发的优惠政策,使得页岩气的勘探开发企业减少了经营风险,降低了前期的资金压力,增强了企业的信心和热情,更快地促进了页岩气的发展。

（2）管网建设优惠政策

加拿大是世界上主要的天然气出口国,其所产页岩气不但可以满足国内的天然气需求,还可以通过州际管线出口到美国等其他国家,特别是在加拿大西南部的不列颠哥伦比亚省和艾伯塔省。这两个省拥有丰富的页岩气资源和复杂的天然气管网,为中小型公司开发泥盆纪/密西西比区块提供了便利。在天然气管网建设方面,加拿大政府首先确定了本土天然气的生产区块和资源分布情况。加拿大政府学习美国的管网运营模式,鼓励天然气管网的建设,为天然气管道公司提供一定的贷款和税收减免政策,邻近美国的区域都有州际天然气管线。这些政策使得加拿大国内的天然气管道分布更加广泛,非常有利于页岩气的输送,也有利于中小型公司进行页岩气开发。

（3）政府资助技术创新

技术进步是页岩气开发的主要推动力之一。加拿大政府设立了专项基金,支持页岩气科研。此外,加拿大政府还推动一些研究机构和私人油气企业联合开展页岩气技术研发项目。政府或牵头机构将拥有科研成果的知识产权,其他参与者拥有共享或优先购买权。这些措施使得加拿大的页岩气开发技术快速发展,也使得加拿大页岩气发展可以紧跟美国的脚步。

2. 实施一体化勘探开发

页岩气属于非常规资源,但是它常常借助常规油气井的资料,尤其是在页岩气富集带评价阶段。例如加拿大在Duvernay页岩富集带的评价上,参考大量已钻穿该层的钻井资料。利用已有资料开展页岩气勘探,能达到良好的成本经济性,也非常实用。勘探开发过程中,因为钻完井和压裂费用在页岩气勘探开发费用中所占比例很高,需要从甜点预测、井位设计到钻井、完井、压裂以及试采、生产各专业之间互相有效地沟通与合作。同时,页岩气井压裂需要大量的水和一定面积的井场,需要考虑水源和地表条件。加拿大对页岩气的勘探开发施行一体化模式,节约了勘探开发成本,提高了效率。

3. 基础设施便利

加拿大油气产业历史悠久,油气管网相对发达,且毗邻最大的油气出口市场——美国。页岩气经处理后大多修建较短管线即可付费接入天然气管网外输。除 Horn River 盆地由于无常规油气田分布,同时距离消费市场较远,需要修建长距离天然气管道外,Montney 和 Duvernay 页岩处于原有油气田附近,距离天然气管网较近,只需修建与已有天然气管网连接的较短天然气管线。

4. 严格进行环保监管

在环境保护方面,由于在初期页岩气的开采过程中对大气和水源造成了一定污染,加拿大各省对页岩气的开发施行了严格的监管。加政府要求在加拿大进行页岩气开发的石油公司,必须向政府提供较多的信息,以便更好地利用和保护当地水资源。2011 年,加拿大石油生产商协会(Canadian Association of Petroleum Producers,CAPP)受政府委托,发布《页岩气开发水力压裂技术指导条例》,具体内容包括:通过合理的钻井施工管理,对地表和地下水资源的质量和数量进行保护;对施工用水进行循环回收利用,尽量使用清洁水的替代物;测量和公布水资源利用情况,减少对环境影响;支持环保型压裂液添加剂的开发,向公众公布压裂液添加剂的成分等。

加拿大对于页岩气的环保政策取得了很好的效果。上述措施使得页岩气开发企业对地表和地下水资源的质量和数量进行了保护,减少了页岩气开发对于水资源的污染。水资源循环回收再利用,可以减少污染、节省资源、降低水力压裂过程中对于环境的影响。大力开发与使用环保型压裂液添加剂,并向公众公布压裂液添加剂的成分,疏解了民众对压裂污染的担心,减少了反对的声音,促进了页岩气的发展。

尽管加拿大页岩气产业发展较快,但仍面临一些不确定性。目前,加拿大已占据北美天然气市场近一半份额。过去几年,加拿大天然气生产的增长主要来自非常规天然气领域。尽管加拿大在页岩气开发利用方面取得了很大成绩,但也必须指出,如何将潜在的市场变成真正的商业利益,加拿大政府仍存担忧。时任加拿大国家能源局局长戴维森曾公开表示:加拿大的页岩气开发还面临着诸多挑战,还不确定现在的经济状况是否允许全面开发,也不确定什么样的开采方式是可以采用的。

对于上述问题其主要原因有三点。首先,加拿大虽然已经成功应用了水平钻井技术和液力压裂技术,使页岩气开采有了历史性突破,单位开采成本大幅降低,但由于加拿大页岩气分布较为分散,不同地区页岩气的赋存状态、开发技术参数存在很大差异,页岩气开采技术要求高、投资大,勘探开发成本仍然较高。目前只有美国掌握了页岩气商业开采技术,短时间内加拿大还无法广泛普及应用。

第二,环境保护因素的制约。迫于来自民众的压力,加拿大当地政府对页岩气的开发有所保留。2013 年 3 月,出于对环境大气和水源污染的担忧,魁北克省暂停了大部分新的天然气开发项目;不列颠哥伦比亚省当地政府也是采取审慎开发的态度。这些都增加了页岩气开发的难度,从而影响了投资效益。

第三,由于美国页岩气产量快速增长,加拿大对美国的天然气出口正面临压力。在对外出口方面也面临竞争,如澳大利亚煤层气生产液化气项目在同加拿大竞争亚洲用户;此外,俄罗斯正加大向东方销售天然气的力度,也对加拿大对亚太的天然气出口带来影响。

第二节　　欧洲页岩气发展的经验与教训

一、波兰

波兰政府对页岩气的开发相当积极,但开发进程却不尽如人意。波兰的页岩气开采要比之前预计的更加困难,具体如下。

(1)波兰的地质条件没有预想得理想,很多勘探井出气率非常低,无法达到商业开采标准。因为独特的地质构造,在波兰开采比在美国开采对技术的要求更高,一系列勘探结果也令人失望。加上 2012 年进行的新的页岩气潜力调查显示,该国页岩气储量不及预期,测试结果不理想直接导致埃克森美孚等一大批外国勘探公司纷纷离去。

(2)成本高企。由于相关的页岩气产业在欧洲并不发达,缺乏足够的专业设备和人员,导致在波兰钻探一口井的费用是美国 3 倍。

(3)波兰页岩气发展也受到法规及行政因素限制。波兰政府计划征收页岩气开发税,而且项目许可审批过程太过复杂,打击了投资者的热情。

(4)开采地区附近的居民抗议对页岩气的开采。由于通过水力压裂法开采页岩气可能导致地下水污染,因此这成为民众主要关心的问题。由于波兰人口密度是美国的四倍,一旦威胁到饮用水,后果将不堪设想。

二、 英国

英国政府的支持理论上会让其成为欧洲页岩气发展氛围最佳的国家,但实际上却不尽理想,主要有以下制约因素。

(1)地方反对者的抗议不断。反对者担心,页岩气开采过程中需要采用水力压裂法,这将把水、沙和化学物质注入地下,因此可能污染地下水,同时引发地震。大规模开采设备的建造可能引发空气污染和交通拥堵。

(2)现有法律法规制约太多。法律的修订过于复杂也过于耗时。贝利管理咨询公司估计,英国完成整体的页岩气规划及授权至少需要花费 6 ~ 8 年时间。

(3)英国是一个小的岛国,使用不成熟的技术开发风险很大。美国页岩气大部分埋深只有 300 ft,而英国的埋深达 6 000 ft,地质环境复杂、开采难度大是英国面临的更大挑战。与美国和中国不同,英国是一个人口非常密集的国家,而页岩气资源又多位于都市区周边一带,容易引发公众对水污染和地震的恐慌。

(4)国内缺乏天然气输送管道和相关的基础设施。当前英国的主要天然气储备都位于北海地区。此外,因为从美国进口的煤炭的价格相对低廉,未来英国国内页岩气的价格还会受到煤炭的冲击。

第三节　　中美页岩气发展比较与启示

一、中美发展对比

1. 具有相同的开发动力

通过选取中美页岩气开发历程中的几个典型阶段,对这一阶段的经济、政治等特征进行比较分析,从表4-1中可以看出,美国页岩气开发的过程与其经济发展速度、国内能源供给的成本与安全、政府对能源的态度息息相关。中国同样如此。总而言之,经济发展必须伴随着能源消耗的增加。同时,由于本国资源的限制及复杂的国际环境,还有能源危机的出现,政府为保证本国的能源安全,鼓励探索开发新的能源,从而使得页岩气作为非常规天然气得到重视,并进行规模化发展。

表4-1　中美页岩气开发的典型阶段（据中国能源网研究中心）

国家	典型阶段	阶段特点	页岩气开发状况
美国	20世纪70年代前	美国对能源消费主要是以煤和石油为主,且煤和石油的供给能够满足当时美国经济发展的需要	页岩气没有得到国家足够的重视,也没有较快发展
	20世纪70年代末	阿以战争期间的石油禁运和1976—1977年的第一次石油危机使得美国作为一个石油消费大国出现了严重的石油供应中断和油价上涨,对国民经济造成了较大的不良影响,促使美国对天然气的需求快速增加	页岩气开发受到较高重视,进入规模化发展阶段
	20世纪90年代	美国进入"新经济"阶段,成为世界第一大能源消费国,美国政府将"能源独立"作为政策纲领,页岩气的勘探和研究全面展开	页岩气成为重要的天然气开发目标,进入稳步发展期
	2008年至今	2001年后,美国经济出现周期性调整,2008年美国政府采取了一系列的救市措施,美国经济复苏,能源需求进一步扩大,面对能源安全的问题,美国政府积极倡导新能源开发	美国页岩气开采技术有了质的突破,开采成本大幅降低,美国页岩气开发进入快速发展期
中国	2000—2008年	中国进入重工业发展阶段,中国能源和化工原料的需求强劲,供给严重不足,煤炭消费比重居高不下,对环境造成较大影响	页岩气开发受到高度重视,开展了对页岩气的理论研究和初步调研
	2009年至今	2008年金融危机后,中国政府投资4万亿元促进经济复苏,能源消费进一步增加,2009年中国首次成为煤炭净进口国,全国8个地方市出现天然气荒	页岩气开发进入勘查阶段,部分地区出现突破,成为第三个商业化生产国家

2. 开发面临不同的地质条件

美国地质背景好,页岩气藏构造条件较为简单,广泛分布于全美,页岩气结构平缓、地质断层和褶皱也不发育,页岩埋藏深度适中,约为1 000～3 500 m,其总体处于一个稳定的构造地质背景,页岩气储层大面积连续分布,具有开发潜力的面积非常庞大,页岩有机质含量高,演化程度适中,非常适合页岩气生产,产量也较为稳定。更重要的是,美国页岩气储层地表以平原为主,交通运输、钻探开采和设备安装较为方便。

中国页岩气开发面临的地质条件与美国截然不同,如表4-2所示。中国页岩气具有"一深二杂三多"的特点,即埋藏深、种类杂和板块多。首先,中国近半页岩气储量都在南方地区,而南方地区页岩埋深大部分都超过3 000 m,甚至部分页岩储层埋深超过5 000 m,这使页岩气开采成本和难度大增。而且,同美国截然相反,中国页岩可供勘探完整面积较零碎,页岩板块非常复杂,页岩种类较多,开发每一种页岩都需要大量数据支持,包括岩石学、地质力学、流体传导学、压裂传导学等,复杂零散不连续的页岩板块使中国页岩气勘采比美国困难得多,需要打更多试验井,做更多测井记录,花费更多时间和投资,而且中国南方地区多为山地和丘陵,开采和基础设施建设难度都比较大。

表4-2 中美页岩气开发地质条件差异(据中国能源网研究中心)

分类	对比条件	中　国	美　国
地质	类型	海相、陆相、海陆过渡	海相
	时代	古生代-Z-P	古生代-D, C, P
		中-新生代-T-E	中生代-T, J, K
	热演化	中新生界:高于(2.5～5)	适中:1.0～3.5
	R_o/%	中新生界:低于1.2	
	保存	复杂,多次改造	简单,一次抬升
工程	埋深	埋深较大或出露	埋深适中
	地面	复杂山地、黄土塬	简单、有利
	水源	北方、中西部缺水	水源较充足

3. 油气勘探处于不同的开发阶段

开发油气一般都是从简单到复杂,从常规到非常规,从高品位到低品位。美国页岩气从发现到飞速发展经历了漫长的时间,包括1821年至20世纪70年代末的发现及早期发展、20 世纪 80—90 年代末的稳定发展、2000 年至今的快速发展三个阶段。而中国页岩气自 2000 年才开始理论研究,2009 年实施了中国第一口页岩气资源战略调查井,才掀开了页岩气勘探的序幕,可见中国页岩气开发的起步较美国晚 180 余年。

美国政府通过 20 世纪 70 年代末的页岩气东部工程,全面开展了勘探技术、经济评价、增产工艺和钻井、完井工程设计等技术的研发,导致页岩气产量大增和一批科研成果涌现。美国还建立了独立的固定的非常规油气资源研究基金,这大大鼓励了中小企业的投资热情,而且准入门槛低,各种企业在产业链各环节竞争,有专业的投资者、开发商、设备企业、服务公司,专业分工非常明确,形成了一套完善的生态系统。目前,美国 85% 的页岩气产量来自中小公司。为保证盈利,中小企业不断推动技术进步,之后大公司通过收购这些中小公司进入页岩气开发市场,这使得美国页岩气市场既保证了规模又保证了创新。美国政府的页岩气监管体系也十分完善,各部门职责清晰明确,及时解决问题。美国土地制度收益分配清晰,土地所有者可以和油气公司共享巨额页岩气收入,产权纠纷较少。

在中国,页岩气开发面临的政治、法律、文化状况与美国有较大差异,如表 4-3 所示。首先,由于中国国内油气领域的国营垄断体制,使得中国油气生产经验和积累一直囿于国企小圈子里,具有创新不足、竞争有限、不够灵活、效率低等缺点,即使开放民企进入,短期内几乎没有民企能够掌握复杂的油气勘采工艺。另外,有关页岩气发展的相关政策体系不完善,中国土地属国有,页岩气开发会不同程度损害资源所在地居民的利益。如何对利益受损民众进行补偿,也是需要细化考虑的问题之一。

表 4-3 美国和中国页岩气开发制约因素比较(Business Monitor International,2011;中国能源网研究中心)

比较因素	美　　国	中　　国
地质环境	页岩主要分布在上古生界和中生界,以海相地层为主,地质构造相对稳定;地表较为平坦;埋藏深度大部分为 2 000 ~ 4 000 m	富含有机质的页岩大多分布在年代更老的地层,或年代较晚的陆相和海陆交互相地层中,地质构造相对活跃,页岩气聚集规律较美国复杂;多处于地形复杂的山区;埋藏深度大多为 1 500 ~ 4 000 m
资源禀赋	页岩气盆地地质构造简单、页岩气储量丰度高,适合大型页岩气项目的开发	页岩气资源更加丰富,但中国地质条件复杂,页岩气的单井成本高,这在客观上制约了页岩气产业的快速发展
开发现场	大面积的平地、充足的水源 [大型压裂每口井平均用水 $(2 ~ 4) \times 10^4 \ m^3$]	多为山丘,缺水,开采条件艰苦,所需技术复杂,开采和环保成本高

（续表）

比较因素	美 国	中 国
勘探开发成本	2 000 m 深的页岩气水平井的钻井费用平均约为 2 470 万元	目前前期风险勘查井费用为（7 000～8 000）万元，未来商业化开发后，成本有望下降
勘探	钻探的核心样本数据较多，已有油气富集区	初步统计，目前全国页岩气勘查开发累计投资近 150 亿元，累计完成页岩气钻井 285 口。但地质勘探投入仍旧不足（常规油气勘探每年投入约 660 亿元），导致当前页岩气资源储量、地质结构、埋深等诸多情况仍不确定
技术及研发	美国政府重视基础理论与应用技术研发，多年来形成了有效指导页岩气勘探开发的理论基础、技术工艺和一批从事页岩气勘探开发的高水平专家队伍；掌握几乎所有的页岩气开采关键技术的知识产权	页岩气开发利用等方面的技术研究和创新政府支持力度较小，进展缓慢；目前，中国已经初步形成自主的页岩气技术体系，具备一定的水平井钻井、水平井分段压裂等基础技术，但尚未开发出在国内开采页岩气的很好适用性的技术，目前依然处于摸索阶段
产业化程度	美国常规油气已进入勘探开发晚期，基础研究成果丰富，早在 1821 年就发现和使用了页岩气，20 世纪 90 年代后获得技术突破，页岩气开发迅猛发展，工程项目组织灵活，社会分工高效，目前在国内生产技术和商业运营都已成熟并规模化	国内生产技术和商业运营都处于起步阶段，短期内无法形成规模化。目前，中石化涪陵区块或使中石化页岩气产量有大的飞跃，但除"三桶油"以及延长石油外，其他企业开采均无重大突破。民企（包括外企）和国企的合作有待进一步开展
基础设施	管网发达，天然气干线管道已超过 530 000 km，且能保证生产的天然气可接入管网，所有生产商共享管网设施。2006 年页岩气钻井总数约为 4 万口，2009 年达到 98 590 口，目前已经达 10 万多口井，仅 2011 年一年就完钻近 1 万口	管网建设不足，天然气管道干线里程约为美国的 1/11，且没有一般性的管网使用标准/原则，供、运、需三方协调，中国石油、中国石化两大集团掌握中国 70% 以上的天然气管网，有定价权。截至 2013 年 11 月，在中国目前已完钻的 105 口页岩气井，不到美国的 0.1%，且全部来自"三桶油"以及延长石油的贡献
立法	联邦没有针对非常规油气的立法，但对天然气的立法适用于页岩气，州政府有各自针对页岩气的法律	国家没有针对非常规油气的立法，但对天然气的立法适用于页岩气
产业政策	为页岩气产业的发展提供了极为有利的条件，给页岩气产业业主带来了丰厚的利润，也吸引了各类潜在的能源公司、风险投资公司进入该产业，推动了页岩气产业持续健康发展	目前已推出专门的页岩气产业政策。尽管中国政府重视页岩气的开发利用，但产业扶持政策的力度不够，与常规天然气相比，页岩气资源产业竞争力仍处于劣势
财政补贴	曾经受益于联邦《石油暴利税法》，当前各州政府有不同的税收优惠，联邦财政支持主要集中在技术研发上，而不是寄希望于对生产和销售提供价格补贴刺激供给	对页岩气开发企业按 0.4 元/立方米进行补贴，鼓励地方财政对页岩气生产企业进行补贴；对部分进口设备和技术免征关税；优先用地审批
土地、矿产所有权	土地所有者拥有矿产权及特许权使用费，矿权人对页岩气矿权可以采取自主经营或通过市场交易进行出让	地下资源属于国家所有，采用矿权招投标制度，没有建立起充分调动各相关利益方积极性的页岩气矿权管理制度，区块退出机制及合同管理有待完善。页岩气作为独立矿种，勘探开发不再受中国油气专营权的约束，但页岩气资源丰富的区块大多与中国石油、中国石化的区块重叠
气价	全国性天然气枢纽价格	页岩气出厂价格实行市场交易定价，但未出现全国性市场价格（实质上是一气一价）

二、 对中国的启示

1. 形成有效竞争的市场机制

美国的经验表明,页岩气产业发展需要有效的竞争和创新推动。对中国而言,页岩气产业处于发展初期,因此,可借鉴美国经验,适当放宽招标权、矿权等市场准入条件,引入多元投资主体,发挥中小企业技术创新作用,给予各类市场主体平等进入页岩气开发的机会。这样不仅有利于盘活社会各类资金,减轻国家开发压力,还有利于技术创新与突破,培育专业化分工服务体系和促进商业化运作体系的形成,切实加速页岩气勘探开发、技术进步、产业配套以及应用市场的发展进程。

2. 完善产业发展扶持政策

鉴于页岩气开发具有生产周期长、开采成本高的特点,美国政府在页岩气开发不同阶段实施了有针对性的支持政策。中国在页岩气开发方面针对不同的开发阶段也实施了有针对性的产业扶持政策。在开发初期,政府提供必要的财政支持以吸引更多资金进入。灵活采用减免资源税、增值税、所得税等财税政策手段,鼓励开发商进行设备投资和降低成本。在进入商业化阶段后,可逐渐减少或取消特殊优惠,既可减轻政府负担,又可刺激技术创新。灵活采用资源税、增值税、所得税等税收减免等财税政策手段,而减少直接补贴的方式会更有利于鼓励开发商进行设备投资和努力降低成本。

3. 严格的环境监管是持续发展的保障

开发主体多、开发速度快并不意味着会带来开采混乱,关键是要在开采前制定并执行严格的监管制度。环境问题应作为页岩气的监管重点,中国应该跟踪了解美国在页岩气环境监管方面的最新发展,并结合中国特点,及时制定有关法规和管理办法,确保监管先行到位,开发可控(表4-4)。

表4-4 中美油气监管发展阶段对比(据中国能源网研究中心)

美　　　　国	中　　　　国
1935 年,通过《公共事业控股公司法案》,控制燃气公司的开采和运输	● 油气投资经营权高度集中(三桶油)
1938 年,通过《天然气法案》,成立联邦能源委员会,统一监管州际天然气运输	● 矿权的市场化进程已开始

（续表）

美　　国	中　　国
1954 年,《菲利普斯决议》天然气井口价纳入联邦监管, 全面管控天然气自生产到销售的各环节	● 天然气价格改革已启动
1974 年, 实行天然气"最高限价"的政策	● 油气立法尚未进入程序
1978 年, 新《天然气政策法案》通过成立联邦能源监管委员会, 取消了最高限价	● 专业的天然气监管机构及责任尚待明确
1985 年,《436 号法令》取消了管道公司销售和输送业务的捆绑	
1992 年,《636 号法令》强制要求管道公司只负责提供运输服务, 上、下游之间可自由选择直接交易	

4. 大力支持页岩气勘探开发关键技术研发

页岩气资源开发是一个庞大的系统工程, 涉及复杂的技术体系。水平井钻井、清水压裂、裂缝监测等一系列关键技术的突破是美国页岩气产业近年来飞速发展的关键因素。

与美国相比, 中国页岩气基础研究和技术开发能力都较为薄弱, 尚未形成页岩气商业开发的核心技术体系;同时, 中国页岩气地质条件更为复杂, 岩层系时代老、埋藏深, 保存条件不够理想, 因此对开发技术要求更高。中国需要进一步加强研发工作:鼓励有关高校对中国地质条件下页岩气成藏理论开展更深入的基础研究;联合国内主要油气企业和实力雄厚的科研院所开展页岩气开采技术联合攻关, 通过设立国家级科研课题和专项科研基金, 依托优选的小规模试验示范工程, 引进和消化吸收发达国家先进技术;充分借鉴中国在发展煤层气开发关键技术过程中获得的经验和教训, 积极稳妥地对适合中国地质特点的页岩气勘探开发核心技术开展攻关, 争取早日实现突破, 为页岩气资源开发提供技术保证;降低行业准入门槛, 鼓励中小企业进入该行业, 创造充分的市场竞争环境, 对加速技术进步也将产生积极的推动作用。具体来说, 需要加大研发的关键技术, 包括页岩气储层评价技术、射孔优化技术、定向水平井技术、低成本空气钻井技术、洞穴完井技术、压裂技术、页岩储层保护技术和页岩气藏数值模拟技术等。

第二部分

国内篇

第五章

中国加快开发页岩气的战略意义

第一节　　当前中国能源态势与发展趋向

当前,我国能源消费以化石能源为主,煤炭占一次能源消费量的比重长期在65% ~ 70%,而全球能源消费结构中煤炭比重仅20% ~ 30%(图5−1)。中国煤炭消费量超过世界煤炭消费总量的50%,成为全球最大的煤炭消费国和生产国、世界最大的煤炭净进口国。以煤为主的能源结构,使得我国 CO_2 排放激增。2000—2014 年,CO_2 排放年均增加7.6%。2014 年,我国 CO_2 排放量为 97.6×10^8 t,已占世界的1/4,居全球第一。人均年排放量约为 5.8 t,已超过世界人均排放水平,接近部分欧洲国家人均排放水平。因此,我国能源体系具有突出的高碳特征,导致温室气体排放过快增长,单位能源消费的 CO_2 排放比发达国家高出1/4 左右,这是造成我国当前环境污染的主要原因。煤炭等化石能源消费是大气中 CO_2、氮氧化物、烟尘、PM2.5 等常规污染物排放的主要来源,造成了越来越严重的大气污染、土壤污染、地下水资源破坏等生态环境问题,也使安全供应问题日益突出。2014 年中国原油进口量达到 3.1×10^8 t 历史新高,原油对外依存度逼近60%;天然气进口量为 580×10^8 m³,对外依存度达32.2%;煤炭进口量为 2.9×10^8 t,进口依存度在8.1%。

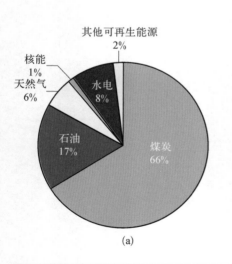

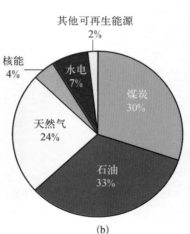

图5−1　中国(a)和世界(b)能源消费结构(BP Statistical Review of World Energy, 2015)

　　2015 年,包括中国、美国在内的近 200 个缔约国代表签字一致通过《巴黎协定》,187 个国家提交了应对气候变化"国家自主贡献"文件,承诺把全球平均气温较工业化前水平升高控制在 2℃之内。中国承诺将于 2030 年左右使 CO_2 排放达到峰值并争取尽早实现,2030 年单位国内生产总值 CO_2 排放比 2005 年下降 60%~65%,非化石能源占一次能源消费比重达到 20% 左右。

　　在碳排放峰值约束下,未来我国经济发展的新增能源,将主要由天然气(包括页岩气、致密气等非常规天然气)、风电、太阳能、生物质能等清洁能源来提供。因此,实施能源替代、优化能源结构,成为当前我国能源发展的必然趋势。

第二节　　页岩气在中国能源革命中的功能与定位

　　美国页岩气革命也许是 21 世纪最重大的能源事件,它不仅让美国接近实现能源独立的梦想,大大改善了高碳的能源结构,再一次成为世界能源转型的引领者,甚至有可能完全改变美国近六十年世界石油最大进口国的地位,成为举足轻重的能源出口大国,尤其是在天然气和 LNG 领域,成为改变全球天然气格局的"颠覆者"。

　　美国页岩气革命给中国带来了强烈冲击的同时,也造就了一个可以学习和超越的样板。近年来,随着中国经济快速发展,能源消费需求不断攀升,中国已经替代美国成为世界第一大能源消费国和最大的温室气体排放国家。虽然中国在一次能源进口总量上还低于美国,但在石油和天然气的进口依存度上已经超过了美国。同时,中国以煤为主的能源结构也使得中国在应对气候变化、减少污染气体排放等方面面临极大的国内国际压力。近年来频繁出现的大面积长时间雾霾天气,给我国的经济发展模式、能源消费结构敲响了必须转变的警钟。欧洲和美国的经验已经证明,改变能源结构、大力快速提升天然气在一次能源结构中的比重是减少碳排放最现实的选择,对中国更是刻不容缓。

　　中国有丰富的页岩气资源,在能源转型和能源安全的双重压力下,大力开发页岩气、煤层气、常规天然气及可再生能源等低碳、清洁能源,是当下中国最现实的选择。

加快页岩气勘探开发能够直接增加中国天然气供应、优化能源结构、缓解减排压力、保障能源供应安全、提高能源利用效率、拉动油气装备制造业发展、带动基础设施建设以及培育新的经济增长点。

一、 有利于调整能源结构

长期以来,中国的能源消费结构严重不平衡,化石能源在一次能源中的比重较大,其中煤炭资源消费比重在70%以上,反映出过分依赖煤炭资源的现状。这种结构的形成有资源禀赋的原因、经济发展阶段的原因,也有观念和体制的原因。而世界能源消费结构中,石油、煤炭、天然气的消费比重较均衡,这个结果并不主要是本国资源禀赋决定的。因此,大力发展天然气、调整中国能源消费结构,对国家经济发展方式转型、建设美好家园以及承担减少排放和保护地球的世界大国责任具有极为重要的意义。因此,页岩气的开发对中国能源结构的调整极为重要。

1. 能源消费需求不断攀升,能源供应形势严峻

近年来,随着中国经济快速发展,能源消费需求不断攀升,但能源资源供应受制于各种条件的制约,能源供应安全已经成为国家安全的重要组成部分,寻求能源供应多元化与降低能源对外依存度就成为中国能源工业面临的核心问题之一。据初步统计,2012年中国一次能源消费总量已达到36.2亿吨标煤,比2011年增长4%。中国自2009年以来已连续三年超过美国成为世界第一能源消费大国(图5-2)。今后,随着中国工业化与城镇化进程的不断加快,能源消费需求还将进一步增长。

2. 能源对外依存度逐年升高,能源安全形势严峻

近年来,随着中国能源消费需求不断攀升,传统能源供应缺口逐年增大,煤炭、石油和天然气等主要能源资源的对外依存度逐年升高。

据中国石油经济技术研究院发布的《2012年国内外油气行业发展报告》显示(图5-3),2012年中国石油净进口量达2.84亿吨,石油对外依存度达58%,同比提高1.5个百分点,其中原油净进口量达2.69亿吨,原油对外依存度达56.6%,同比上升1.5个百分点;同时自2006年进口天然气以来,短短7年对外依存度快速上涨到29%。

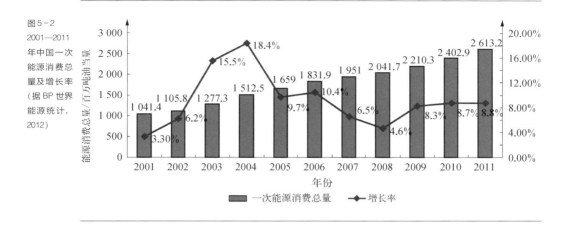

图 5 − 2
2001—2011
年中国一次
能源消费总
量及增长率
(据 BP 世界
能源统计,
2012)

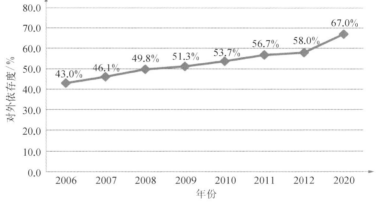

图 5 − 3　中国石油对外
依存度变化趋势(据中国
石油经济研究院;《国
土资源公报》)

　　长期大量进口油气资源将使得中国面临的社会政治经济风险不断加大,能源安全问题已经上升为国家安全问题。

　　受国际油气资源需求攀升以及地缘政治风险、能源通道安全和价格因素等影响,较高的对外依存度将使得中国能源供应易受制于人,能源安全隐患增大,也使得经济社会发展面临较大的外部风险。

　　美国通过发展包括页岩气在内的非常规油气资源已经大大降低了其能源的对外依存度,首先是基本实现了天然气的自给自足。21 世纪早期,美国常规天然气产量递减显著,几乎所有的数据和分析都表明,只有进口大量的 LNG 才能满足美国天然气市场的需求。目前世界上大多数LNG生产线就是以美国为目标市场的。但是从2006年开始,美国的页岩气产量迅速上升,到2012年美国页岩气已经占其天然气总消费量的37%。美国能源部已经发出了多个LNG出口许可证,支持和反对天然气出口的利益集团正在为天然气是否出口的立法抓紧游说。短短的十年间,正是页岩气革命从根本上改变了美国天然气市场的格局。如果中国页岩气的勘探开发可以取得类似于美国页岩气革命式的成功,中国将创造另一个世界能源的"伟大事件",它将不仅大大提高天然气的自给率,大大增加中国一次能源中天然气的比重,还将显著减少温室气体的排放。实现"中国页岩气革命"的意义,在国内将不亚于当年的"大庆会战",对世界而言,将不亚于美国页岩气对全球能源格局的影响。

3. 节能减排压力大,调整能源结构势在必行

长期以来,中国能源消费结构不合理,煤炭消费比例过高,天然气、水电及可再生能源等清洁能源的消费比例非常低。据BP统计(图5-4),2011年煤炭在中国一次能源消费结构中占70.4%,远远超出世界平均水平(30.3%);天然气的消费比重仅为4.5%,也远低于世界平均水平(23.7%),这与我们的大国地位极不相称。中国以煤为主的能源结构导致温室气体排放和其他各种污染排放不断激增,致使中国在环境保护、应对气候变化及节能减排方面临着巨大的国际压力和国内挑战。

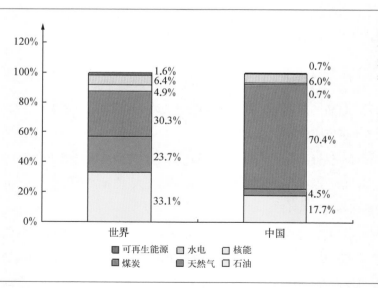

图5-4 2011年中国与世界一次能源消费结构对比(BP世界能源统计年鉴,2012)

目前,中国政府已经向世界承诺到2020年实现单位国内生产总值CO_2排放强度要比2005年下降40%～45%的战略目标,且国家"十二五"规划纲要也明确了5年内碳排放强度下降17%的发展目标。为了实现上述目标,"十二五"期间及未来较长一段时期中国就必须调整以煤为主的能源消费结构,大力发展天然气、水电、可再生能源等清洁能源。

国家能源局《页岩气发展规划(2016—2020年)》指出,2020年力争实现页岩气产量$300 \times 10^8 \text{ m}^3$,2030年产量达到$(800～1\ 000) \times 10^8 \text{ m}^3$。据中石油预测,中国2020年天然气消费需求将达到$3\ 000 \times 10^8 \text{ m}^3$。按照这个需求量计算,页岩气贡献率将能提供天然气消费量的1/3,对于能源结构将产生重大影响。而天然气与同为化石燃料的煤炭、石油相比,相同能耗时排放的污染物量要比煤炭石油低得多。页岩气的主要成分与常规天然气基本相同,具有同样的效果。

表5-1 天然气、石油、煤炭燃烧时排放量比值(EIA, 2009)

燃烧产物	天然气	石 油	煤 炭
二氧化碳	3	4	5
二氧化硫	1	400	700
氮氧化物	1	5	10
一氧化碳	1	16	29
灰 分	1	14	148

注:排污量均按单位热值计算。

4. 天然气供需缺口逐年加大,气源亟须多元化

近年来,随着中国经济持续快速发展,中国天然气消费需求的增长速度已经超过煤炭和石油。天然气供需矛盾突出,尤其是短期供需不平衡矛盾,已严重影响了城市供气安全和人民生活环境的改善,阻碍了天然气产业的有序发展。据预测,到2020年和2030年,中国天然气产量将分别达到$3\ 000 \times 10^8 \text{ m}^3$和$3\ 900 \times 10^8 \text{ m}^3$,供需缺口分别达到$700 \times 10^8 \text{ m}^3$和$900 \times 10^8 \text{ m}^3$(图5-5)。中国天然气供需缺口逐年增大已经给国内天然气增产带来巨大压力,这就要求中国在进口国外管道天然气及LNG的同时,丰富国内天然气供应结构,加大对煤层气、页岩气等非常规天然气资源开发,形成多

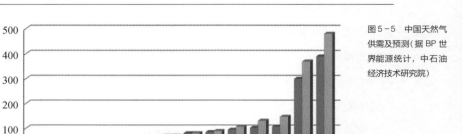

图5-5 中国天然气供需及预测(据BP世界能源统计,中石油经济技术研究院)

元化的天然气供应格局。

二、 有助于提升油气开发勘采能力

作为重大能源基础产业,页岩气开发利用更可以拉动相关行业和领域的发展,降低能源成本,提高产业竞争力,增加就业机会、GDP和税收等,带动地方、区域乃至全国经济社会发展。从区域经济来看,中国的页岩气勘探开发有利区块多位于南方的丘陵-低山地区,交通不便,管网建设欠缺。页岩气的大规模开发需要建设集气站、集中处理站、压气站等地面工程设施,外运还需要管道、公路、铁路等设施,以及重型运输车辆等。一旦页岩气大规模量产得以实现,将对国家整体经济产生重要的影响。

1. 推动常规油气发展

高端技术是降低开采成本最有力的武器,水平井和多级分段压裂技术是目前页岩气开发的主要技术。页岩气开发新技术的突破,大大提高了平均单井产量,并使大量不可采储量转化为可采储量。

中国水平井分段压裂技术及装备技术上的突破,与压裂后直井相比,平均单井产量提高3.6倍。截至2011年11月底,中石油共在低渗透油气藏完成水平井分段压裂

1 133 口井 4 722 段,相当于少打直井 3 000 口,减少占地超万亩。按压裂后平均单井产量是直井的 3.9 倍计算,中石油依靠这一技术增产原油 520×10^4 t,增产天然气 145×10^8 m^3,相当于开发一个中型油气田。分段压裂技术的突破,推动了水平井在大庆、吉林、长庆、新疆、玉门和塔里木等低渗油气田中的工业化应用,大幅提高了单井产量。

同时,低渗透油气藏水平井分段压裂技术瓶颈的攻克,为水平井在低渗透油气开发中规模应用提供了技术支持,使大量不可采储量转化为可采储量。近 10 年来,中国石油平均单井日产量持续下降。2005 年,世界石油单井平均日产量是 10 t 以上,而中石油的单井日产量是 3.1 t。截至 2010 年年底,在中石油累计探明储量中,低渗透油藏占到 41.54%。而近年来,中石油新增储量中 70% 以上都是低渗透储量。多井低产问题日益严重,而新技术的突破解决了这一困难。

2. 促进交通燃料清洁化替代

目前,中国天然气汽车普及的速度很快,页岩气一旦商业化开发,其在交通行业的潜力巨大,具有很好的发展前景。已有研究显示,将 LNG 用于城市公共交通和重卡运输已显示出较为显著的经济性,因此,LNG 卡车的需求意愿强烈;而用于民用私家车仅在新疆等西部城市中的普及度较高,原因是加气站等配套设施建设的滞后。2012 年底,中国拥有 LNG 固定加气站 200 多座,撬装站预计超过 300 座,并且 LNG 固定加气站多分布在沿海、西北和新疆地区,2012 年中国的 LNG 固定加气站总数增至 380 座。未来随着基础配套设施建设的跟进和改善,以及车辆尾气排放标准的提高,页岩气对交通行业的改变将有重大突破。

3. 推动油气勘探理论创新与装备制造投资

页岩气成藏理论突破了传统地质学关于油气成藏的认识,有利于开拓页岩油等非常规油气资源勘探的思路。水平井钻井、分段压裂、同步压裂、微地震监测和批量工厂化生产等相应的开发技术也可应用到其他非常规油气勘探开发中。同时,页岩气勘探开采技术攻关也是一项具有开创性的工作,需要通过大量的新工艺新设备推动中国油气工业的技术进步。大力促进页岩气勘探开发有利于推动中国油气勘探理论创新,以及油气勘探开发技术的进步。

同时,中国油气装备制造业也亟须通过培育国内市场来不断提升自主创新能力,加速形成中国自己的专业技术服务队伍。页岩气产业化催生的大规模油气特种设备资本支出,将提升行业的景气度,油气特种设备行业或将迎来新一轮发展。油气特种设备行业处于油气开发与采掘行业的下游,油气开发与采掘行业的资本支出的规模会直接影响油气特种设备的需求。对比美国经验,国内页岩气产业化将会直接推动油气特种设备行业的发展,涉及的设备包括测井识别设备、固定及固井辅助设备、分段压裂设备等。

除使石油设备制造商进入长期的高景气周期外,相关油井管和输气管制造商也将进入快速发展期。目前,油井管的年需求量在 500×10^4 t 左右,随着页岩气开发的提速,预计未来油井管的需求每年增长 30% 以上,其中,高端油井管的增长更快。因此,中国亟须紧抓页岩气勘探开发的历史机遇,加速实现油气开发新工艺及技术设备取得实质性突破和进展,以尽快改变中国油气资源勘探开发格局,培育战略新兴产业,形成拉动中国经济增长新的有力支撑。

4. 带动关联产业和区域经济发展

中国页岩气资源丰富,但是国内页岩气资源有很大一部分地处交通不便、管网欠发达的山区或经济欠发达地区,开发这些地区的页岩气资源,对改善当地基础设施建设,促进区域天然气管网、液化天然气、压缩天然气(Compressed Natural Gas,CNG)的建设及发展等具有重要意义。

同时,页岩气勘探开发及利用也是一项重大能源基础产业,页岩气的规模化开发及利用还将拉动钢铁、水泥、化工、交通运输、装备制造以及工程建设等相关行业和领域的发展,增加劳动力需求,扩大就业机会,增加税收收入,对促进区域经济可持续发展具有重大意义。事实上,美国页岩气的成功开发就带动了美国装备制造业、化工业以及天然气发电等基础产业的发展,直接增加了当地的就业及税收,促进了各州经济增长。

5. 促进天然气分布式发电

目前,中国正鼓励天然气分布式利用,计划到 2020 年在大城市推广使用分布式能源系统,装机容量达到 5 000 万千瓦。中国页岩气资源丰富且分布较为广泛,尤其是有很大一部分页岩气资源丰富区靠近中国的能源需求负荷中心,适于开展分布式开采及就近利用,从而可以丰富能源利用方式,提高能源利用效率。例如,中国华北页岩板块位于或靠近北京、山东、河南、河北等能源负荷区,扬子板块位于或靠近四川、湖北、湖南、上海、江浙等能源负荷区,这些地区经济发展快,能源需求高,开发利用这些区域的页岩气资源就具备就近建立分布式供能系统的市场潜力,从而有利于提高能源就近利用的效率。

同时,大力开发页岩气在增加中国天然气供应的同时,还将增加可用于发电的天然气供应,这将直接提高中国能源整体利用效率。目前,世界上最先进的天然气联合循环发电机组净效率已经超过 60% ,是最先进煤电机组的 1.3 倍,CO_2 排放强度仅为最先进煤电机组的 40% 左右。可见,相对于传统的燃煤火电厂,以甲烷气体为主的天然气发电在能源利用效率方面具有更大优势。

此外,发展页岩气发电还可以改善电力系统运行工况,提高电力系统的效率和经济性,还能充分利用燃气、电力消费季节性峰谷互补的特点,对电网和天然气管网运行起到“双重调峰”作用,从而在更高的层面上提高中国能源利用效率。

6. 有利于化工产业形成新的利润链

中国和美国同为全球能源消费大国,页岩气储量巨大,如果中国未来的页岩气资源得到全面开采,页岩气作为一种新的化工原料,将冲击全球化工生产体系,对下游大宗商品影响也将十分显著。

(1)影响塑料、PVC 供应价格和工艺路线

页岩气通过提升乙烯产量和降低天然气价格,有可能改变塑料、PVC 传统生产工艺。传统塑料、PVC 生产工艺所需乙烯主要以原油和煤炭为原料,相比天然气-乙烯的生产工艺,原油和煤炭的成分复杂,乙烯生产工序较多。因此天然气生产乙烯的工艺优势非常明显。据汇丰银行计算,按 2012 年天然气价格,美国使用天然气为原料生产乙烯的成本为 550～600 美元/吨,而目前乙烯价格高于 1 100 美元/吨。对于一些生产成本较高的生产商,使用原油为原料生产乙烯的成本已经接近产品售价,这意味着以天然气为原料的美国乙烯生产商具有较大的利润。

对目前占中国 PVC 产能约 70% 的电石法 PVC 来讲,除要受到页岩气生产的低价乙烯的强烈冲击外,供应充足、价格低廉的天然气将有可能改变电石法乙炔的工艺路线。当天然气价格为 1.5 元/立方米时,每吨 PVC 的乙炔成本仅为 4 439 元;而电石价格为 3 500 元/吨时,每吨 PVC 的乙炔成本为 5 000 多元,由此看出天然气作为原料生产 PVC 的成本优势开始显现。青海盐湖工业股份和四川天赋军安实业等五家企业已

开始尝试天然气制乙炔生产PVC。

若未来全球页岩气得到大量开采,低价天然气产量将急剧增长,从而有可能引发天然气-乙烯和天然气-乙炔工艺产能大面积扩张,塑料、PVC 基本面也将发生重大改变,对其产品价格产生利空影响。

(2)转变甲醇上下游生产工艺

目前,甲醇上游生产原料是煤炭、天然气和焦炉气,下游主要用来生产甲醛、二甲醚和醋酸等一系列有机化工产品。

首先,页岩气的开发将直接改变甲醇上游生产原料的格局。目前,欧美国家主要采用天然气为原料生产甲醇,该工艺具备投资低、无污染的优点,且无须过多考虑副产物销路。在很长一段时间内,煤炭是中国甲醇生产最重要的原料,而页岩气的出现将有可能完全改变这一现状。一旦开采技术成熟,页岩气产量大幅增加,将冲击以煤炭为原料的甲醇生产工艺,产能缩减的可能性较大。而未来以天然气为原料的工艺产能扩张,将降低甲醇的生产成本。

其次,页岩气还将影响甲醇下游最主要的产品——甲醛。"甲烷-甲醛"工艺,仅需要在常压下完成,唯一的缺点就是对催化剂要求较高,国内外对其已进行了大量的研究工作。

(3)减弱 PTA 等商品成本支撑

目前,PTA 主要以原油-石脑油-PX-PTA 为生产工艺,尽管苯与甲烷可在特定条件下生成 PX,但实现条件较为苛刻,经济性上不可行。因此页岩气主要通过对原油的利空影响来减弱对 PTA 的成本支撑。同样对于以煤炭为原料的焦炭、焦煤等,页岩气产量大幅增加的最大影响也无疑是减弱其成本支撑。

(4)影响橡胶供需结构

页岩气对天然橡胶的影响主要是合成橡胶替代作用将会变大。2011 年合成橡胶和天然橡胶消费比高达82%。如果页岩气产量大幅增加,将加大乙烯供应量,而乙烯作为丁苯橡胶和顺丁橡胶最主要的生产原料,产量大幅增加将会降低合成橡胶的生产成本,从而有可能改变天然橡胶的供需结构,对未来价格产生影响。

总之,随着开采技术的逐步成熟,未来页岩气的"蝴蝶效应"将在各个行业显现,大宗化工商品价格将受到一定程度的影响。

三、 有助于推进油气体制改革

页岩气是新兴的能源产业,如果中国继续沿用传统油气领域的管理体制来开发页岩气,必然存在很大的障碍。中国要实现自己的"页岩气革命",必须打破常规,在矿权管理、开采过程、环境监管、市场应用方面进行综合创新,加快改革。

1. 推进油气市场、环境及安全监管体制改革

美国页岩气革命成功的一个重要经验是,建立了较为完善的监管体系。但目前中国传统油气尚不具备独立、成熟的监管体系,多年来中国对常规油气勘探开发的监管主要靠石油企业自律,缺乏专门的法律法规和国家标准。通过页岩气这一新生事物去推动油气资源和整个能源监管体系的建立具有重要意义。

在市场监管方面,价格市场化、管道公平准入、不同主体平等竞争是监管重点。对页岩气实行市场化定价,补贴应有个预期,这对吸引投资和推进天然气定价机制改革都具有重要意义。除了就地利用或变成液化天然气运输外,页岩气主要通过管道运输,那么管道对第三方开放的问题就会变得很重要,实行天然气开发和管道运输的彻底分离。政府应制定管道利用的无障碍准入原则,防止输送收费的垄断,加大对页岩气管道及其相关设施建设的投资,鼓励多元投资主体进入。要加强页岩气市场监管,以此为突破口,推进对整个油气行业的监管改革,条件成熟时成立专门的能源监管委员会,统一行使油气监管职权。

在环境和安全监管方面,页岩气开采需要连续打井,属于连片工厂式作业,而且压裂时用水量大,压裂液含有化学成分,这些都会对当地环境及安全产生重要影响。一旦多元主体大量进入,单靠企业自律显然是不现实的,政府必须在开放准入的同时,承担其监管责任,尽快完善监管制度和实施细则,如制定页岩气开发有关的水资源利用、气体排放、土地使用、废水处理、植被恢复等法律法规及环境标准;借鉴美国经验,明确开发公司披露压裂液的成分。制定相关法律法规及标准时可借鉴或者沿用常规油气标准,个别企业标准也可上升为国家标准。

2. 推动矿权管理制度改革

中国现有常规油气开发的矿权退出机制存在实际执行不到位等问题,为了吸取教训,需要尽快建立专门的页岩气矿权管理制度。应强化油气区块依法退出机制,对拥

有矿权但投资不达标,或在规定期限内达不到产出要求的,要强制退出,可以通过设立具体的考核指标来引导市场主体的勘探开发投入,规避矿权倒卖投机行为。

美国早期从事页岩气开发的大多是中小公司,他们敢于冒险,投资决策快,但投资实力不强。到一定阶段之后,大公司开始并购这些中小公司,或者直接从其手中购买矿权,因此成熟的并购和产权交易机制,对美国页岩气的持续发展发挥了重要作用。页岩气是独立矿种,其流转与常规油气矿权冲突不大。因此,建立以市场方式进入、以市场方式退出的矿权流转市场,不仅有利于保证投资的连续性,而且也可以为探索常规油气矿权流转积累经验。

3. 真正发挥市场竞争机制作用

页岩气开发成功的关键因素是要引入市场竞争机制,消除多种资本市场主体进入页岩气开发上游的政策壁垒,给予地方政府、地方国有企业、能源相关行业龙头企业,以及各种民营企业等市场主体平等进入页岩气开发投资的机会和市场地位。在吸引外资投资开发页岩气方面,中国还需要吸取煤层气开发的经验教训,要处理好本地企业与外资企业的关系,在最大限度地用好外来资本与技术的同时,也要考虑外商投资的经济收益,以期保持合作的稳定性和长期性。

在现有油气管理体制下,中国油气资源的生产、运输及管理,甚至销售仍是国有石油公司主导,没有实现垂直分离管理,上游资源及中游管网等基础设施几乎全部集中在几大国有石油公司,并没有实行独立的第三方准入,这种格局在很大程度上不仅分割了油气资源开发的上游市场,而且也制约了油气资源勘探开发市场的培育和完善,不利于充分有效地发挥市场竞争机制的作用以及促进油气资源的发现及技术创新。通过页岩气市场引入多市场主体的公平竞争机制,有助于打破中国整个油气市场的垄断格局。

4. 推动天然气价格机制改革

中国煤层气开发缓慢且落后的原因之一是天然气价格偏低,企业对勘探开发积极性不高。而页岩气作为一种新兴能源资源,具有投资周期长、风险大、成本高等特点,中国页岩气产业尚处于探索初期阶段,商业化开发的经济条件尚不具备,这就需要国家建立一套有利于激发市场投资主体积极性的页岩气价格机制,这不仅有利于拉动市场,同时还可以减少政府的投资和财税补贴。国家能源局提出要对页岩气实施市场定价,这是对目前天然气由政府定价的一个重大变革。

四、 影响其他能源行业变革

据中国《页岩气发展规划(2016—2020 年)》,探明页岩气地质储量 $5\,441 \times 10^8$ m^3,可采资源量 21.8×10^{12} m^3。到 2020 年力争实现页岩气产量 300×10^8 m^3;到 2030 年,力争达到$(800 \sim 1\,000) \times 10^8$ m^3。随着页岩气开发技术的不断创新、开发成本的不断下降,页岩气开发将逐步进入成熟的商业化发展阶段,从而对煤炭、石油、天然气及可再生能源行业产生重要影响。

1. 抑制煤炭的增速

中国是世界上最大的煤炭生产国和消费国,消费总量占全球一半以上,自 2009 年以来中国又成为世界最大的煤炭进口国。长期以来,煤炭在中国一次能源消费量结构的比例高达65% ~70%(图5-6),石油、天然气的比重相对较少。加之,中国具有"煤多油少缺气"的资源禀赋情况,煤炭对中国来说,在未来较长时间内仍会是最主要的能源消费类型。

图5-6 2011—2015 年中国能源消费总量及构成(据中国能源统计年鉴, 2016)

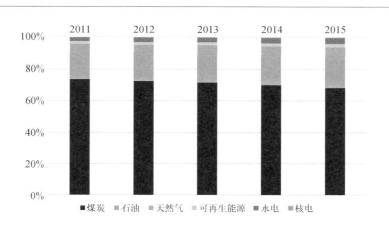

煤炭产业的环境透支严重,特别是煤炭开发过程中引起的生态环境水资源破坏以及燃烧时产生的二氧化碳、氮氧化物、粉尘等大气污染物,对环境造成严重污染。目前,中国二氧化碳的排放总量已超过美国居世界第一位,二氧化硫的排放量也居世界第一,而中国二氧化碳排放量的 70% 、二氧化硫排放量的 90% 、氮氧化物排放量的

66.7%均来自燃煤。为应对全球气候变化,中国制定了一系列的减排措施,发展低碳经济,严格控制温室气体排放。未来煤炭的利用将会受到限制,而天然气将会是煤炭最现实的替代。

首先,对煤炭消费形成逐步替代。从美国的经验来看,大规模商业性页岩气开发成功会带来天然气市场价格下降,并对煤电市场造成明显的替代作用。充足的市场供给和较低的价格推动了天然气化工产业的快速发展,从而对煤化工产业甚至石油化工产业造成一定的冲击。美国页岩气革命不仅推动了美国能源结构的转型,而且有力地推动了第三次工业革命,有可能重塑美国制造产业在世界的竞争优势。经过三十年经济的快速增长,中国能源结构已经极不合理,亟须把过高的煤炭比例降下来。除了加快常规天然气的发展,也必须加快煤层气和页岩气勘探开发的投资。只有迅速提高天然气的比例,中国煤炭消费量的增速和增幅才有可能降下来,煤炭在中国能源消费构成中的比例才能降低。作为煤炭消费大国,中国已经形成了煤炭生产、运输、港口装卸以及贸易、加工等一系列产业链。山西、陕西榆林、内蒙古鄂尔多斯等省市已经形成了以煤为依托的经济大省(市)。因此,煤炭产业链和煤炭城,就成为对页岩气最敏感的产业或区域。中国煤炭运销协会专家认为,页岩气发展成熟会对现有煤炭行业、煤炭城市形成很大冲击。

其次,对煤价形成打压。美国是世界上第二大煤炭生产国,产量约10亿吨。美国电厂以气代煤导致2012年以来美国煤炭需求加剧下滑,库存创8年来新高。2016年美国电力行业煤耗降到1984年来的最低。2016年,美国煤炭出口量为4 920万吨,较2015年下降26.9%,跌至2006年以来新低。美国由于页岩气的成功开发,成为煤炭出口国家,将引起国际煤价持续下跌。随着中国页岩气的商业化发展,成本将不断降低,届时将会对煤价形成一定打压。

最后,煤化工经济将受到冲击,天然气化工将挤占煤化工市场。煤化工将是页岩气规模化开发后,受影响最大的行业。由于国际原油价格不断高企,2003年以来,中国企业兴起煤化工投资热,煤制醇醚、电石法PVC、煤制油项目、煤制烯烃和煤制天然气项目方兴未艾。有煤化工界的专家测算,当国际原油价格高于每桶60美元时,煤制油和煤制烯烃项目才会显现经济性。如果页岩气在全球形成产能后拉低了原油价格,煤化工经济性优势将失去,将很可能被天然气化工市场所取代。页岩气规模化开发后,现行的《天然气利用政策》有望调整,化工用气紧张状况将出现根本转好,天然气化工项目可能再度获批。届时,更多气化工企业将以较低的投资成本、生产成本、环保成本对煤化工企业形成冲击。这就是产业的发展转型升级换代,有些代价也许难以避免,但这确实是我们追求的能源转型和发展方式转型的战略目标。

2. 削弱石油的影响力

从美国的经验可以看出,页岩气会对石油形成替代,这可能削弱石油输出国的影响力。如果页岩气开采技术在中国也能成功实现商用,那么美国和中国这两个全球最大的能源消费国将大幅降低对国外能源供应的依赖。目前,美国总体能源自给率已超过80%。自2003年以来,美国石油净进口已减少了40%,未来有望继续下降。考虑到中国既是全球最大的大宗商品消费国之一,又是全球最大的大宗商品生产国(按价值来计算),加之中国正积极引进美国的页岩气技术,从远期来看,中国的石油净进口趋势将可能逆转。

未来10年内,中国国民经济将以7%左右的速度发展,预计原油需求将以4%左右的速度增加;同期国内石油产量增长速度却只有2%左右,低于石油需求增长速度,国内石油供需缺口将逐年加大。2000年的石油供需缺口为将近0.7亿吨,2010年上涨到1.5亿吨,预计到2020年缺口将达3亿吨。中国石油对外依存度从2000年的约30%增至2012年的约58%。近几年来,尽管中国发现了一些大型的油田,但仍不能改变石油供不应求的状况。

页岩气若在中国大规模开发,产能释放,将有效地缓解石油对国际的依赖程度。届时,天然气燃料将替代一部分传统的石油燃料的份额,其作用将主要体现在公共运输业和重型卡车业。公共交通车辆以及私人汽车和重卡改用天然气作动力将会大大降低运输成本,从而减少对石油的依存度,同时也将减少使用柴油或汽油在减排方面的费用支出。

3. 或使天然气市场重新布局

2015年,由于中国整体经济增速放缓,天然气下游消费市场需求增长动力不足;加之国际油价持续处于低位,替代能源价格走低,中国天然气市场告别高速发展时期进入平稳增长新常态,表观消费量达到 $1\,932 \times 10^8\ \text{m}^3$,同比增长5.7%,天然气占一次能源消费的比重增至5.9%。2015年中国进口天然气 $621 \times 10^8\ \text{m}^3$,同比增长3.3%。天然气的对外进口依赖过大可能会影响国家未来的能源安全。

在中国,天然气仍属于"稀缺能源"之列,不论是从人均消费量还是从国家一次能源消费的比重来看,中国均为国际落后水平,与我们国家的地位极不相称。目前,中国以煤炭为主的能源结构不可能实现为人民"建设美好家园"的承诺。中国拥有丰富的页岩气资源基础,据2012年国土资源部公布的初步评价结果,中国陆域页岩气地质资源潜力为 134.42×10^{12} m^3,可采资源潜力为 25.08×10^{12} m^3(不含青藏区),页岩气资源基础雄厚。若中国页岩气的预期储量和产量得以实现,则中国的能源结构转型有可能在不太高的进口依存度的情况下得以实现,其作用主要体现在以下几个方面。

(1)缓解中国天然气供需不平衡矛盾。页岩气规模化开发后,中国的天然气市场供需矛盾将得到缓解,气化工企业将重新获得成本优势和商机,煤化工企业的劣势渐显,将遏制煤化工产业快速发展的势头,促进化工行业原料结构优化。

(2)降低天然气市场价格。目前,全国在建、拟建的煤制天然气项目合计产能 $1\,619.84$ m^3,假如2020年,中国人口达到14亿,民用天然气最多 $1\,800 \times 10^8$ m^3,加上工业及其他用气,年天然气消费量约 $3\,800 \times 10^8$ m^3。考虑到中国常规天然气增产有限因素,假设届时常规天然气量仅 $1\,500 \times 10^8$ m^3(规划为 $2\,000 \times 10^8$ m^3),页岩气产量 $1\,000 \times 10^8$ m^3,煤层气产量实现规划的 500×10^8 m^3,则国内天然气总量可达 $3\,000 \times 10^8$ m^3,即便进口量仍维持在2015年 $1\,000 \times 10^8$ m^3 的水平,天然气价格不仅难以上涨,甚至可能下跌,这将对投资大、环保及综合成本高的煤制天然气项目产生较大冲击。

(3)页岩气储藏丰富地区或成天然气市场主要供应区。随着页岩气商业化的不断推进,天然气相对其他能源如石油的价格不断下降。只要价格还在盈亏平衡点之上就会吸引投资不断进入,从而进一步加大对页岩气的开采能力,页岩气在天然气中的比重也将持续增加,使得天然气市场布局重新洗牌。

4. 对可再生能源的影响

美国廉价的天然气供应正在改变美国电力行业的竞争力,在未来美国新增电力需求中,天然气发电将占主角。美国剑桥能源主席耶金认为,由于天然气发电价格低廉,核电的经济性在美国也受到了挑战。目前,美国只有极少一部分核电站在建设。美国的电力供应中,风能和太阳能仅占3%,而天然气的比例高达25%并且增长迅速。

就中国而言,天然气是否能将新能源"挤出局"?从发电成本看,目前太阳能发电的成本是燃煤发电的 3~4 倍, 比风能发电成本也要高出 50% 以上, 并且受地域和自然条件的限制, 发电上网很不稳定, 其规模应用有一定的局限性和区域性。而天然气不受自然条件和地域的限制, 气源供应充足的情况下, 稳定性和经济性较风能和太阳能更高, 目前的天然气发电成本也高于燃煤发电, 主要是气价居高不下, 若是中国页岩气成功开采, 实现量产, 带动天然气成本大幅降低, 将在发电行业具备广阔的前景。

风能、太阳能是间歇性能源, 但是若没有天然气发电作为"基线"和"调峰", 大规模间歇性可再生能源的开发使用是不可能的。在中国西部大规模风力发电市场消纳的效果不好与没有天然气发电的配套支持有关。由此可知, 要扩大风能、太阳能发电的份额就必须配套相应的气电能力, 从而增加天然气的消费需求。

中国页岩气开发
进展分析与
产业展望

第一节　　资源分布与特点

一、分布特点

中国油气勘探开发领域的专家和学者在 21 世纪初开始跟踪研究美国页岩气勘探开发,并不断深化中国页岩气资源评价和有利区优选。经过近 5 年的研究工作,2009 年中国石化、中国石油以及延长石油先后开始了老井复试、页岩气参数井和专探井钻探,2012 年 3 月,国土资源部将中国陆域划分为上扬子及滇黔桂、中下扬子、华北-东北、西北、青藏五大区域(图 6-1),对除青藏外的陆上各区域开展页岩气有利区优选和资源潜力评价。中国陆上页岩气地质资源潜力和可采资源潜力分别为 134.42×10^{12} m³、25.08×10^{12} m³(不含青藏区)(表 6-1),优选出页岩气有利区 180 个。评价结果表明,中国页岩气资源潜力大,分布面积广、发育层系多,开发前景广阔。

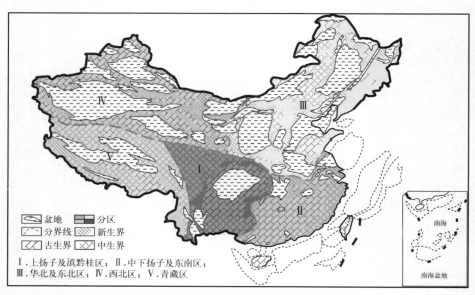

图6-1 中国页岩气开发潜力区(据国土资源部矿产资源储量评审中心,2012)

图例	
盆地	分区
分界线	新生界
古生界	中生界

Ⅰ.上扬子及滇黔桂区; Ⅱ.中下扬子及东南区;
Ⅲ.华北及东北区; Ⅳ.西北区; Ⅴ.青藏区

表6-1 全国陆域
页岩气资源潜力初
步评价结果(不含
青藏区)(张大伟,
2012)

地 区	地质资源量×10^{-12}/m³	可采资源量×10^{-12}/m³
上扬子及滇黔桂	62.56	9.94
华北及东北	26.79	6.70
中下扬子及东南	25.16	4.64
西 北	19.90	3.81
合 计	134.42	25.08

2012年,在以上成果基础上,中国重点开展了页岩气有利区优选和有利区资源潜力评价,并开展全国页岩油资源潜力评价。目前已基本完成了170个有利区的地质评价和资源估算工作(表6-2),这170个有利区面积为74×10⁴ km²,页岩气地质资源量为92.15×10¹² m³,技术可采资源量为16.36×10¹² m³。另外还有多个盆地和地区的页岩气有利区优选和资源评价工作正在进行,有利区数量和面积还会增加。

表6-2 已评价的
170个有利区页岩
气资源潜力(据国
土资源部油气资源
战略研究中心)

地 区	地质资源量×10^{-12}/m³	可采资源量×10^{-12}/m³
上扬子及滇黔桂	56.56	9.19
华北及东北	14.34	2.90
西 北	16.83	3.37
中下扬子及东南	4.42	0.92
有利区合计	92.15	16.36

中国页岩地层在各地质历史时期发育良好,并形成了海相、海陆交互相和陆相等多种类型富有机质页岩层系,含气页岩分布面积多达200×10⁴ km²,具有富含有机质页岩的地质条件(表6-3、图6-2)。

表6-3 中国页岩
地层沉积相及分布
地区(据中国能源
网研究中心)

沉积页岩	层 系	分 布 地 区
陆 相	东部断陷盆地古近系、四川盆地及周缘上三叠统-下侏罗统、鄂尔多斯三叠系、西北地区侏罗系、东北地区白垩系	大中型含油气盆地,以松辽、渤海湾、鄂尔多斯、准噶尔等为主,大量中小盆地也广泛发育

（续表）

沉积页岩	层 系	分 布 地 区
海 相	南方古生界（震旦系、下寒武统、上奥陶统-下志留统、泥盆系、石炭系）	南方，西北塔里木，以中上扬子地区为主
海陆过渡相	华北地区（石炭系、二叠系）、南方二叠系	西南、北方，以华北、滇黔桂、西北地区为主

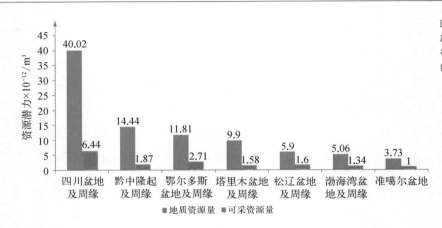

图6-2 中国主要盆地页岩气资源分布（据国土资源部，2012年）

据评价结果,分布在中国四川、新疆、重庆、贵州、湖北、湖南、陕西这些省份的页岩气资源潜力占全国页岩气资源潜力的68.87%（图6-3）。

二、 资源特点

与美国页岩气资源多分布在中东部平原地区不同,中国页岩气的地质条件更加复杂。按照资源评价结果统计,丘陵地区和低山地区页岩气可采资源量为13.36 × 10^{12} m³,占全国总量的61.12%,平原地区(包括黄土塬)页岩气可采资源量为4.42 × 10^{12} m³,仅为全国总量的20%。丘陵和山地地区的页岩气资源分布主要包括四川盆地和南方其他海相页岩气分布地区,复杂的地表条件给勘采技术提出了更高要求,不利于大型页岩气"井工厂"的施工模式。平原地区水资源储存整体不佳且分布不均,仅部分地区可以开展大规模水平井压裂技术。沙漠戈壁地区虽然地表开阔平缓,人口密

图 6-3 中国主要省(区、市)页岩气地质资源量分布(据国土资源部,2012 年)

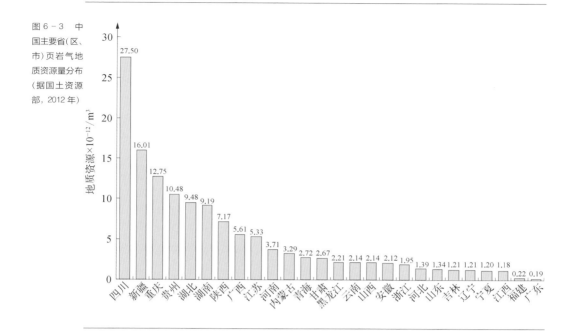

从埋深分布看,大多数页岩资源埋藏比美国的更深。四川盆地及周缘海相页岩气有利区埋深较大,除盆地边缘及盆地外黔北、鄂西等地区埋深小于 3 500 m 以外,盆地内部绝大部分地区埋深均大于 3 500 m,并具有地质断层复杂、较高的构造应力,以及严重的后期退化等不利条件。

江汉盆地、苏北盆地和扬子流域的大部分地区都是典型的海洋沉积物,其结构大致相当于北美的类似资源储藏。四川盆地当属中国首屈一指的页岩气资源地区,并已经有了天然气管道和丰富的地表水供应,同时气田还靠近主要城市。目前的勘探重点都是处在流域的西南地区,而这里也是缺陷发生比较少的地区,硫化氢的成分也比较低。相邻的扬子流域与江汉和苏北盆地的结构复杂,数据的控制也较差,但是由于这些地区也靠近主要城市的负荷中心,因此这些地区仍然被认为是具有潜在的开发资源。

在四川盆地西南部部分页岩资源具有非常好的脆性,且干气的形成相对成熟,但是相比北美的页岩资源,该资源 TOC 较低(2%),此外资源缺陷较多。中国石油首个页岩水平井打了 11 个月（相对来说,北美需要 2 周）。因为页岩中应力较高,诱导压裂则出现平面增长,气井的初始产量也非常令人失望,仅仅为 5.6×10^8 ft³/d。壳牌测试井为垂直井,产量在 219×10^4 ft³/d,但随后在附近进行水平钻探时则发现不稳定孔和外部区域偏差。中石化、英国石油公司、雪佛龙、康菲、挪威国家石油公司、道达尔和其公司也对该地区表现出极大兴趣。如果这些重要地质和生产问题可以得到解决,那么四川可能成为中国首屈一指的页岩气产地,并能够在 20 年内每天生产数十亿立方英尺的页岩气。

塔里木盆地是寒武海洋沉积和奥陶纪时代沉积,是富含碳酸盐的黑色页岩,然而页岩气往往埋藏比较深。这可能由于该盆地比较偏僻,页岩深度较深,迄今为止没有页岩气开发或钻探的报道。虽然页岩结构相对简单,但页岩太深,在达到预期的深度后其中 TOC 会变得非常低（1% ~ 2%）。氮污染（20%）和陷落结构也是其中比较重要的问题。埋藏较浅和低等级的奥陶纪页岩和三叠系湖相泥岩都非常具有潜力。在塔里木盆地,水平井已经占到常规石油产量一半,这将为未来页岩开发中的应用提供良好的基础。

准噶尔盆地虽然不是中国最大的页岩资源,但却存在一些具有中国最好的页岩地质条件的区域。二叠系烃源岩非常厚实（平均 1 000 ft）,资源丰富（TOC 平均值为4%,最高值为 20%）,并具有超压的特性。三叠系烃源岩是贫矿,但资源量非常看好。盆地的地质构造非常有利于开发并且构造简单,而且区域内从油到湿天然气的热成熟度非常好。盆地已经发现连续的页岩油和湿页岩气资源。在准噶尔盆地的主要风险是资源为湖泊性质,而不是海洋性质,页岩的沉积起源和脆性随之而来的问题将是"可压裂性"。壳牌和赫斯正在准噶尔盆地东部的具有相似条件的小三塘湖盆地评估页岩油的前景。

松辽平原是中国最大的产油区,其中蕴藏有厚厚的下白垩统烃源岩的页岩油,其中包括油和湿天然气的地质环境。这些富含有机质的页岩起源于湖泊,但是不利于富含黏土矿物的生成,它们的优点在于超压和天然裂缝。预计在水深 300 ~ 2 500 m 的页岩气会发生在孤立半地堑,但那里断层非常复杂。中国石油已经注意到松辽盆地潜在的页岩勘探以及已商业化的页岩油产量。美国阿美拉达赫斯（Amerada Hess Corp.）和中石油正联合在大庆油田进行页岩和致密油的储量研究。吉林油田已完成钻探和水力压裂深层水平井的作业,并形成了致密砂岩气藏。其中的 1 200 m 的横向技术和 11 段压裂技术可以应用于松辽盆地页岩油气层。

中国的其他几个沉积盆地也拥有丰富的页岩储量,但由于地质质量低或者地质数据控制不足,这些储量一直无法得到量化。在准噶尔东部的吐哈盆地,其中也拥有相当于二叠纪富含有机质的页岩,并且是湖泊的地质构造,从而容易产生油气,进而会出现好的油气田。在柴达木盆地、塔里木盆地东南,其中包括含有上三叠统泥岩烃源岩具有较高的 TOC 隔离断层为界的洼地,在这些地区更容易产生页岩油,但埋层很深。鄂尔多斯盆地结构简单,但它的三叠纪页岩具有低 TOC 和高黏土含量(80%)的特点,而石炭纪和二叠纪泥岩具有煤质和韧性。因此,基于这些地区储量不明,所以还没有页岩钻探的报道。

第二节　　开发进展

一、 总体情况

随着技术进步和优惠政策的不断出台,2014 年上半年,我国页岩气的发展已经取得了阶段性的重要进展。目前,页岩气勘查开发技术及装备基本实现国产化,水平井成本不断下降,施工周期不断缩短。水平井单井成本从 1 亿元下降到 5 000 万 ~ 7 000 万元,钻井周期从 150 天减少到 70 天,最短的实现了 46 天的钻井周期。截至 2014 年 7 月底,中国页岩气开发已累计投入超过 200 亿元,累计完成页岩气钻井 400 口,其中水平井 130 口。目前全国共设置页岩气探矿权 54 个,勘探面积 17×10^4 km^2,20 余家单位持有矿权进行勘探开发,取得了焦页 1 井等多口探井页岩气重大突破,累计完成二维地震 2×10^4 km,三维地震 1 500 km^2,主要集中在四川盆地及周缘地区。建成了涪陵等几个页岩气有效开发区,形成了一批具有自主知识产权的技术。2015 年全国页岩气产量为 78.82×10^8 m^3。

另外,我国已在四川盆地及周缘多个区块取得海相页岩气勘探突破。在四川盆地元坝等区块和鄂尔多斯盆地直罗-张家湾地区陆相页岩气取得工业气流,但这些地区或因地质条件或因技术因素尚未达到高产稳产,未实现经济有效开发。目前,相关单位正在组织力量,进行深层海相页岩气、陆相页岩气、构造复杂区低丰度低压页岩气的工程技术攻关。

二、企业开发进展

(一)国有石油公司进展

1. 中国石油化工集团公司

中国石油化工集团公司(以下简称"中石化")先后在四川威远新场上三叠统须家河组五段下亚段、四川盆地川西南坳陷金石极造下寒武九老洞组、重庆彭水、黔北丁山极造及重庆涪陵焦石坝龙马溪等页岩都有重大发现,其中焦石坝龙马溪页岩实现了规模化开采(表6-4)。

表6-4 中石化近年页岩气开发动态一览表(据中国能源网研究中心)

时 间	事 件
2009 年	中石化在重庆市南川、涪陵、万州等地进行页岩气勘探评价,其中涪陵探矿权勘查面积 7 308 km²
2012 年	在焦石坝区块钻探了焦页 1HF 井,获得 20.3×10⁴ m³/d 的工业气流(目前单井产量控制在 6×10⁴ m³/d 左右),取得了页岩气开发的突破。 同年底,涪陵页岩气开发移交中石化江汉油田
2013 年	9 月,国家能源局批复设立"重庆涪陵国家级页岩气示范区"
2014 年	3 月,中国石化页岩气勘探取得重大突破,我国首个大型页岩气田——涪陵页岩气田提前进入商业化开发阶段。 当时涪陵页岩气产量已经达到 310×10⁴ m³/d 4 月,中原油田地球物理测井公司顺利完成国内最深页岩气水平井南页 1HF 井的射孔施工任务。 该井利用射孔联作新工艺技术,创井深最大、井口压力最大、井底压力最大的国内页岩气水平井射孔施工纪录 截至 9 月,中石化在涪陵区块累计开钻 128 口,完井 91 口,完成试气 36 口,投产 35 口;完成 50×10⁸ m³/a 的集输工程、15×10⁸ m³/a 的脱水装置、35 000 m³/d 的供水系统、11 座地面集气站的建设;累计产气 8.49×10⁸ m³,销气量 8.12×10⁸ m³,日销售量 330×10⁴/d 截至 12 月底,中石化在礁石坝地区,计划建 63 个开发平台,已经建成了 52 个,总完钻井数达到 144 口,累计压裂试气水平井 61 口。 其中,2014 年完钻水平井 47 口、压裂 41 口、投产水平井 48 口(含上年完钻的 7 口)。 2014 年投产的 48 口新井(均为水平井)产量都较高,平均日产量达到 56×10⁴ m³,采用限压限产生产,已投产井的日产量是 370×10⁴ m³

（续表）

时　间	事　件
2015 年	2 月，中石化在礁石坝地区累计钻井 200 口。焦页 50 号平台共部署 8 口水平井，是涪陵页岩气田目前布井最多、最密集的一个平台，采用双钻机批量式钻井"井工厂"模式，大大加快了商业开发步伐 　截至 4 月，涪陵页岩气田累计开钻 217 口、完井 164 口、试气 105 口、投产 98 口，单井测试均获高产工业气流。同时，建成标准化集气站 26 座，累计产气 15.95×10⁸ m³，集输能力达到 50×10⁸ m³/a。涪陵页岩气田焦页 6-2HF 井已持续高产 550 天，累计产量达 1.5×10⁸ m³，刷新了中国页岩气开发单井累计产量的最高纪录。涪陵页岩气国家示范区重要配套建设项目——涪陵白涛至石柱王场页岩气外输管道工程建成投用，该工程建设管径为 1 016 mm，管道长度 134.5 km，还包括两座站场和 8 座阀室

截至 2014 年年底，水平段 1 500 m 的水平井，综合建井成本已经降至 7 000 万元以下，中石化页岩气产能和产量规划如表 6-5 所示。涪陵页岩气田现有用户共三家——重庆建峰化工、重庆燃气集团及重庆四合燃气，2014 年底日销售 330×10⁴ m³。2015 年 6 月，三家用户总计销量可达 600×10⁴ m³/d，后期连接川气东送管线外销。目前，江汉油田供居民用气价格按照川气东送平均居民用气价格 1.47 元/立方米执行。此外，在国际市场上，中石化施行"走出去"战略，向埃克森美孚、BP、壳牌等公司学习，已斥巨资收购了美国戴文能源公司（Devon Energy Corp.）5 个区块的页岩气资产。

表6-5　中石化页岩气产能和产量规划情况（据中国能源网研究中心）

日　期	产能 ×10⁻⁸/m³	产量 ×10⁻⁸/m³
2014 年	20	10
2015 年	25	32
2020 年	100	

2. 中国石油天然气集团公司

中国石油天然气集团公司（以下简称"中石油"）主要从事页岩气勘探开发的是西南油气田公司和浙江油田公司，其中中石油的长宁区块由四川长宁天然气开发有限责任公司负责，滇黔北昭通区块由浙江油田公司负责。根据中石油勘探开发研究院测算，目前页岩气开采成本大概为 5 500 万元/口。

表6-6 中石油近年页岩气开发动态一览表(据中国能源网研究中心)

时 间	事 件
2009 年	中石油与壳牌合作,联合开展四川盆地富顺-永川区块的页岩气资源评价
2010 年	中石油在四川威远打下第一口页岩气井(威 201 井)并成功采气
2012 年	钻获我国第一具有商业价值页岩气——井宁 201－H1 水平井,并获高产 壳牌与中石油签署产品分成合同,共同对四川盆地的富顺-永川区块进行页岩气勘探、开发与生产
2013 年	2 月,控股子公司中国石油天然气股份有限公司与康菲石油公司签署合作协议。中石油将获取康菲石油位于西澳大利亚海上布劳斯盆地波塞冬项目 20% 的权益,以及陆上凯宁盆地页岩气项目 29% 的权益 3 月,与埃尼集团签署合作协议,收购埃尼集团全资子公司埃尼东非公司 28.57% 的股权,从而获得莫桑比克 4 区块项目 20% 的权益。双方还签订了联合研究协议对中国四川盆地荣昌北非常规资源开发进行研究 12 月,四川长宁天然气开发有限责任公司成立
2014 年	4 月,中石油西南油气田蜀南气矿长宁页岩气实现外输,修建了国内首条页岩气商业化外输管道,全长 93.7 km,最大输气能力达 700 × 10⁴ m³/d 9 月,中石油西南油气田公司共开钻页岩气井 70 口,完钻 35 口,日供气 60 × 10⁴ m³ 11 月,在四川盆地获气井 40 多口,累计开采页岩气超过 2 × 10⁸ m³
2015 年	3 月,重庆市荣昌页岩气区块的荣 202 井钻至井深 3 873 m 顺利完钻,成为该区块第一口页岩气井

中石油在四川珙县已经建有一条管道为上罗镇供气,并同时进入中石油四川管网。截至 2014 年 12 月,西南油气田公司已累计有 1.01×10^8 m³ 页岩气通过自贡输气作业区纳安线进入川滇渝用户管网。

截至 2014 年 11 月,中石油公司在四川盆地拥有页岩气矿权 5.65×10^4 km²,其中 75% 为国内合作开发、10% 为国际合作开发、3% 为风险作业开发、12% 为自营开发(图 6-4)。在西南油气田页岩气对外合作区块有 3 个(联合评价 2 个),面积为 7 575 km²。对内合作区块有 3 个,面积为 42 445 km²。中石油在 2016 年共生产 25×10^8 m³ 的页岩气,主要来自我国四川省长宁-威远区块。

3. 中国海洋石油总公司

中国海洋石油总公司(以下简称"中海油")对国内页岩气开发一直持审慎态度,尚未取得实质性进展,具体开发动态如表 6-7 所示。

4. 陕西延长石油(集团)有限责任公司

陕西延长石油(集团)有限责任公司(以下简称"延长石油")在页岩气勘探开发方

图6-4 中石油对外合作项目分布(据中石油勘探开发研究院)

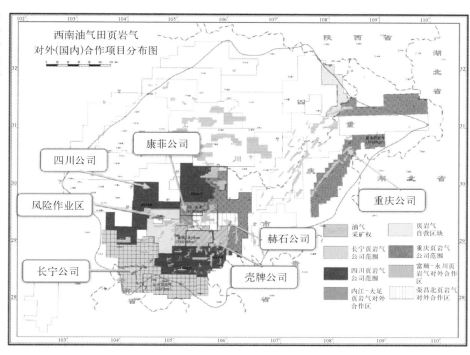

表6-7 中海油页岩气开发动态一览(据中国能源网研究中心)

时 间	事 件
2011年	12月,由中海油承担的安徽芜湖下扬子地区的页岩气勘探开发业务开始地震作业
2012年	4月,完成安徽芜湖页岩气昌参1井的测井作业,获取全部测井资料 5月,完成取心钻探,完成首批3个钻孔
2014年	3月,中海油国内首口页岩气探井——徽页1井顺利开钻,标志着中海油页岩气勘探开发步入新阶段

面非常积极,2008年开始进行前期准备工作,成立了非常规油气中心。累计实施探井和评价井51口,其中直井44口、水平井4口,其余为丛式井。由于缺乏管道系统支持,延长石油采取"坑口发电",即把采出的天然气直接用于发电。预计到"十三五"末,将建成 10×10^8 m³ 页岩气产能,具体开发动态如表6-8所示。

表6-8 延长石油页岩气开发动态一览（据中国能源网研究中心）

日　期	事　件
2008 年	延长石油开始对所属油气田陆相页岩气资源勘探进行研究
2011 年	延长石油与中国科学院地质与地球物理研究所合作承担国家科技重大专项《鄂尔多斯盆地东南部页岩气成藏规律与有利勘探区评价》项目研究工作，这是国家重大专项中首个页岩气专题
2011 年	4 月，在延安下寺湾地区压裂柳评 177 井并成功点火，成为中国第一口陆相页岩气出气井
2012 年	1 月，自主设计并施工完成了鄂尔多斯盆地第一口页岩气水平井
2013 年	5 月，延长石油在位于甘泉县下寺湾镇的延页平 3 井顺利完井，标志着延长石油陆相页岩气大偏移距丛式三维水平井钻井试验取得成功，创造了中国陆上丛式三维水平井最大偏移距新纪录

（二）第一轮中标企业进展

2011 年 6 月 27 日，国土资源部举办首次油气探矿权公开招标，出让的页岩气探矿权区块共计 4 个，分别是渝黔南川、贵州绥阳、贵州凤冈和渝黔湘秀山区块，面积共约 1.1×10^4 km^2，第一轮中标企业进展如表 6-9 所示。

表6-9 第一轮中标企业进展情况（据中国能源网数据中心）

公司名称	中标区块	区块面积/km²	开　发　进　展
中石化	渝黔南川	2 197.94	计划勘探总投入 5.9 亿元，参数井和预探井 11 口；完成勘查投入 4.338 9 亿元，为承诺投入的 73%；按未完成承诺勘查投入的比例缴纳 797.98 万元违约金，核减面积 593.44 km²
河南煤层气	渝黔湘秀山	2 038.87	勘查总投入 2.5 亿元，参数井和预探井 10 口；完成勘查投入 1.268 4 亿元，为承诺投入的 51%；缴纳 603.55 万元违约金，核减面积 994.15 km²

（三）第二轮中标企业进展

第二轮页岩气矿业权出让中标单位，大都完成了二维地震勘探。多数企业处于探井井位论证阶段或预探井开钻阶段，部分企业已完成预探井钻探，还有部分企业仍处于观望阶段，具体进展情况如表 6-10 所示。此外，在湖南慈利县、山东东营、内蒙古自治区鄂尔多斯市的页岩气勘探也取得了重要突破。

表 6 - 10 截至 2014 年 12 月各页岩气区块进展一览（据中国能源网研究中心）	竞标轮数/试点项目	公司名称	种类	区块面积/km²	区块位置	部分合作伙伴	钻井数	项目进度
	1 轮	中国石油化工集团公司	国企	7 307.77	重庆涪陵	FTS International	145	截至 2014 年 10 月底，涪陵区块已投产 45 口井，2015 年预计产量目标 32 ×10⁸ m³
				2 197.94	重庆南川		4	因投入不足，该区块勘探矿权面积已被核减。截至 2014 年 7 月，共完成野外踏勘 560 km²、二维地震采集 1 338.85 km、钻井 4 口、压裂试气 1 口
	1 轮	河南省煤层气开发利用有限公司	地方国企	2 038.87	重庆秀山	林州重机	6	因投入不足，该区块勘探矿权面积已被核减。2014 年之内完成 8～9 口井
	2 轮	华电煤业集团	国企	1 204.53	贵州绥阳	山东省煤田地质规划勘查研究院		完成页岩气地质调查野外数据采集工作，实施地震勘探
	2 轮	中煤地质工程总公司	国企	1 053.37	贵州凤冈#1	成城股份		野外地质调查
				760.3	湖南桑植	N/A		野外地质调查
	2 轮	华瀛山西能源投资有限公司	民企	1 030.4	贵州凤冈#2	江苏长江地质勘查院	2	2014 年上半年完成了奥陶系志留统龙马溪组、寒武系下统牛蹄塘组 2 口页岩气参数井的钻探和测井工作
	2 轮	北京泰坦通源天然气资源技术有限公司	民企	1 167.49	贵州凤冈#3	中石油集团东方地球物理公司		完成了二维地震野外采集工作
	2 轮	铜仁市能源投资有限公司	地方国企	914.63	贵州岑巩	中国国储能源化工集团	2	天星 1 井，获得页岩气气流，天马 1 井，气显示差
	2 轮	重庆市能源投资集团公司	地方国企	1 272.4	重庆黔江	US Natural Resources Group（PSC）	1	2014 年 9 月钻第一口井，最快 2015 年投产
	2 轮	重庆矿产资源开发有限公司	地方国企（合资企业）	1 002.09	重庆酉阳东	重庆能投集团、华能集团和重庆地质矿产研究院成立的合资公司	1	2014 年 8 月西页 1 井开钻

（续表）

竞标轮数/试点项目	公司名称	种类	区块面积/km²	区块位置	部分合作伙伴	钻井数	项目进度
2轮	国家开发投资公司	国企	1 020.09	重庆城口	和中石油、重庆市国土资源和房屋管理局、中国中化股份有限公司签署了合作投资成立重庆页岩气勘探开发有限责任公司合作意向书	1	2014年8月城探1井开钻
2轮	湖南华晟能源投资发展有限公司	地方国企（合资企业）	878	湖南龙山	由湖南华菱集团牵头，联合湘煤集团	1	2014年6月底参2井开钻，7月进行压裂招标
2轮	神华地质勘查有限责任公司	国企	1 189.72	湖南保靖	与宏华集团正式签署非常规天然气勘探开发战略合作框架协议	4	已钻4口井，其中一口准备压裂
2轮	中国华电工程(集团)有限公司	国企	400.43	湖南花垣		1	2014年8月27日发布花页1井钻井工程招标公告
2轮	湖南省页岩气开发有限公司	地方国企（合资企业）	982.23	湖南永顺	湖南省煤田地质与华电集团签订了页岩气勘查开发战略合作协议，并与华电集团合资成立该公司		2013年已经进入勘探阶段
2轮	华电湖北发电有限公司	国企	369.23	湖北来凤	湖北省政府	1	2014年8月21日"来地1井"探获页岩气
			2 306.71	湖北鹤峰		1	2014年11月15日一口资料井已经开钻，预计2015年3月中旬完工
2轮	江西省天然气(赣投气通)控股有限公司	地方国企	598.28	江西修武		1	2014年10月"江页1井"正式开钻
2轮	安徽省能源集团有限公司	地方国企	580.09	浙江临安	该公司由安徽省能源集团公司出资70%与省地质矿产局出资30%共同组建		二维地震完成

（续表）

竞标轮数/ 试点项目	公司名称	种类	区块面积 /km²	区块位置	部分合作伙伴	钻井数	项目进度
2轮	河南豫矿地质勘查投资有限公司	地方国企	1 377.91	河南温县	有河南豫矿资源开发有限公司和河南省地矿局第二地矿院共同出资组建		
			1 395.99	河南中牟	地球物理公司中原分公司	1	2014年11月"牟页1井"发现页岩气
第一个国家级页岩气开发示范区	延长石油	地方国企			得克萨斯州大学奥斯丁分校	39	截至2013年底完成39口井
国家级页岩气开发示范区	中石油	国企		四川威远长宁和云南昭通	壳牌产品分成协议，康菲	58	2014年预计完成13个平台建设，58口井
通过向国土资源部申请	中海油	国企	4 840	安徽巢湖	N/A	1	第一口井在2013年3月已经完成

三、 政策规划

国家"十二五"规划中明确要求"推进页岩气等非常规油气资源开发利用"。自2009年以来，我国开展了页岩气资源潜力评价及有利区带优选，进行了两轮页岩气勘查区块招标，经国务院批准，将页岩气设置为独立矿种，放开了页岩气勘查开采市场，发布了《关于加强页岩气勘查开采和监督管理有关工作的通知》，出台了《页岩气资源/储量计算与评价技术规范》，编制了《页岩气发展规划（2011—2015年）》，推出了《页岩气产业政策》，最近又明确"十三五"期间，中央财政将继续实施页岩气财政补贴政策。与此同时，《页岩气发展规划（2016—2020年）》发布，对"十三五"时期我国页岩气发展指明了方向和目标。此外，我国在鼓励外商投资、引导产业发展、建设示范区、推进科技攻关、页岩气开发利用减免税等方面做了大量卓有成效的工作，从而为页岩气勘查开发营造了良好的投资环境，具体政策及进展如表6-11所示。

表6-11 2011—2016年中国页岩气主要政策及工作进展(据中国能源网研究中心)

时　间	主　要　进　展	相　关　说　明
2011年6月	国土资源部组织中国首次页岩气探矿权招标	跨出页岩气矿权独立管理的第一步
2011年10月	国土资源部与财政部组织的首批40个矿产资源综合利用示范基地建设正式启动	其中2个页岩气示范基地: 中石化贵州黄平页岩气综合利用示范基地,延长石油陕西延长页岩气高效开发示范基地
2011年12月	国家发改委与商务部联合颁布《外商投资产业指导目录(2011年修订)》	明确页岩气资源勘探、开发领域引进外资的主要思想是"合资、合作"
2011年12月	《新发现矿公告2011年第30号》发布	首次明确页岩气为第172种独立矿种,对页岩气按单独矿种进行投资
2012年3月	国土资源部发布页岩气资源潜力调查评价和有利区优选成果	首次有了较为可信的国内页岩气资源的详细评价,证实了中国具有丰富的页岩气资源
2012年3月	国家能源局发布《页岩气发展规划(2011—2015年)》	明确了页岩气产业目标、开发战略等问题
2012年6月	国土资源部与全国工商联联合出台《关于进一步鼓励和引导民间资本投资国土资源领域的意见》	鼓励、持和引导民间资本进入土地整治、矿产资源勘查开发等国土资源领域
2012年9月	国土资源部组织中国第二轮页岩气探矿权招标	全面放开了竞标主体,民营企业等多种主体已实际进入
2012年10月	国土资源部发布《国土资源部关于加强页岩气资源勘查开采和监督管理有关工作的通知》	通知的核心是开放市场,进行机制创新。 重点对油气矿业权内的页岩气勘探开发提出了具体要求
2012年11月	财政部出台《关于出台页岩气开发利用补贴政策的通知》	鼓励企业开发,降低初期开发成本
2013年1月	国土资源部公布第二轮页气探矿权招标结果	共产生19个区块16家中标企业,其中央企6家、地方企业8家、民企2家
2013年1月	国土资源部矿产资源储量评审中心发布《页岩气勘查开发相关技术规程》征求意见稿	征求意见稿形成了野外地质调查、地震勘探、非地震勘探、钻井、测井、压裂、实验分析测试、资源评价等8个方面共20项技术规范
2013年8月	经国家能源局批准,中国能源行业标准化技术委员会成立	建设页岩气产业技术标准体系的工作全面启动
2013年10月	国家能源局公布《页岩气产业政策》	该政策共分八章,分别为总则、产业监管、示范区建设、产业技术政策、市场与运输、节约利用与环境保护、支持政策和附则
2014年4月	国土资源部以公告形式,批准发布了由全国国土资源标准化技术委员会审查通过的《页岩气资源/储量计算与评价技术规范(DZ/T 0254-2014)》	是规范和指导中国页岩气勘探开发的重要技术规范,是加快推进中国页岩气勘探开发的一项重大举措
2014年7月	国土资源部油气储量评审办公室评审认定,涪陵页岩气田是典型的优质海相页岩气,新增探明地质储量1 067.5 ×10^8 m^3	标志着我国首个大型页岩气田正式诞生,拉开我国页岩气商业开发的序幕

（续表）

时　间	主　要　进　展	相　关　说　明
2014 年 11 月	《能源发展战略行动计划（2014—2020 年）》印发	《计划》提出，我国要大力发展天然气，重点突破页岩气和煤层气开发。着力提高四川长宁-威远、重庆涪陵、云南昭通、陕西延安等国家级示范区储量和产量规模，同时争取在湘鄂、云贵和苏皖等地区实现突破。到 2020 年，页岩气产量力争超过 $300 \times 10^8 \mathrm{~m}^3$，煤层气产量力争达到 $300 \times 10^8 \mathrm{~m}^3$
2016 年 9 月	国家能源局印发《页岩气发展规划（2016—2020 年）》	在政策支持到位和市场开拓顺利的情况下，大幅度提高页岩气产量，2020 年力争实现页岩气产量 $300 \times 10^8 \mathrm{~m}^3$

1. 设立页岩气新矿种

根据国务院条例，油气资源由石油公司专营，除中石油、中石化、中海油和延长石油外，其他企业无权在国内进行油气勘探开发。这产生了四大方面的问题：① 竞争不够、活力欠缺、勘探开发成本上升；② 大面积登记探矿权，但勘探投入严重不足；③ 石油公司擅自转让油气开发权，造成几百家石油生产企业依附于石油公司开发油气的局面；④ 油气探明储量无法流转。为改变以上局面，国土资源部报请国务院批准，将页岩气从油气中分离出来，设为新矿种进行一级管理，并进行矿业权管理改革试点。国务院于 2012 年 12 月正式批准页岩气为新矿种，不再受油气专营权约束，放开页岩气探矿权市场具有了法律基础。

2. 竞争性出让页岩气探矿权

2011 年，国土资源部开始尝试采用竞争性出让方式出让页岩气探矿权。首次页岩气探矿权竞争性出让采用了邀请招标方式，于 2011 年 6 月，邀请中石油、中石化、中海油、延长石油、中联煤和河南煤层气公司竞标南川、绥阳、凤冈和秀山区块。其中中石化和河南煤层气公司分别中标南川和秀山区块。在此基础上，2012 年 9 月，采用公开招标方式对黔江等 20 个区块进行竞争性出让，除安徽南陵区块流标外，其他 19 个区块成功出让。页岩气探矿权的竞争性出让，是中国油气矿业权管理改革的重要尝试，将对中国煤层气、常规油气探矿权管理改革提供经验。

3. 制定页岩气发展规划

2012 年 3 月，发改委、财政部、国土资源部和能源局发布《页岩气发展规划（2011—

2015 年)》,规划提出"计划在全国建立 19 个页岩气勘探开发区;到 2015 年实现页岩气产量 65 亿立方米,2020 年产量力争实现 600 亿~ 1 000 亿立方米。"这一规划明确了页岩气产业目标、开发战略等问题。

4. 发布页岩气勘查开采和监督管理通知

为进一步推动页岩气矿业权管理改革,配合页岩气探矿权竞争性出让,加强页岩气探矿权管理,加大页岩气勘探开发力度,国土资源部于 2012 年 10 月 26 日发布《国土资源部关于加强页岩气资源勘查开采和监督管理有关工作的通知》,其核心是开放市场,进行机制创新,加快页岩气勘查、开采,促进中国页岩气勘查开发快速、有序、健康发展。通知还重点对油气矿业权内的页岩气勘探开发提出了具体要求。

5. 出台页岩气开发补贴政策

2012 年 11 月,财政部出台《关于出台页岩气开发利用补贴政策的通知》,规定 2012—2015 年中央财政对页岩气开采企业给予 0.4 元/立方米的补贴,补贴标准将根据页岩气产业发展情况予以调整;地方财政可根据当地页岩气开发利用情况对页岩气开发利用给予适当补贴,具体标准和补贴办法由地方根据当地实际情况研究确定。该补贴政策的出台或许能在一定程度上降低页岩气开发成本,调动开发企业积极性。

6. 公布《页岩气产业政策》

国家能源局 2013 年 10 月发布中国首个《页岩气产业政策》,其中明确将页岩气开发纳入国家战略性新兴产业,国家将加大对页岩气勘探开发等的财政扶持力度,同时鼓励各种投资主体进入页岩气销售市场,对页岩气出厂价格实行市场定价,鼓励各种投资主体进入页岩气销售市场,以期逐步形成以页岩气开采企业、销售企业及城镇燃气经营企业等多种主体并存的市场格局。《页岩气产业政策》高度重视页岩气的环保开发和节约利用,提出坚持页岩气勘探开发与生态保护并重的原则,制定了 7 条专门规定,是条款数最多的章节。

7. 提出页岩气发展"十三五"规划

国家能源局 2016 年 9 月公布了《页岩气发展规划(2016—2020 年)》,指出建产投资规模大、深层开发技术尚未掌握、勘探开发竞争不足和市场开拓难度较大等成为限制我国页岩气大规模发展的主因。为此,国家计划在"十三五"部署大力推进页岩气科技攻关、分层次布局勘探开发、加强国家级页岩气示范区建设、完善基础设施及市场四大任务。在政策支持到位和市场开拓顺利的情况下,力争 2020 年页岩气产量实现 $300 \times 10^8 \ m^3$。到 2020 年将完善成熟 3 500 m 以浅海相页岩气勘探开发技术,突破 3 500 m 以深海相页岩气、陆相和海陆过渡相页岩气勘探开发技术。"十四五"及"十五五"期间,海相、陆相及海陆过渡相页岩气开发将会获得突破,新发现一批大型页岩气田,并实现规模有效开发,力争到 2030 年实现页岩气产量$(800 \sim 1\ 000) \times 10^8 \ m^3$。

四、 技术发展

1. 已具备一定的技术及装备基础

改革开放以来,中国油气装备制造业取得了快速发展,油气钻采装备不但满足了本国油气勘探开发的需要,而且还大量出口到美国、欧洲及中亚国家。页岩气与常规油气开采所采用的装备与技术原理相近,页岩气开采主要采取的水平井和多级压裂技术在常规油气开采中已经得到成熟应用。中国对常规天然气资源勘探开发的认识以及所拥有的技术装备和经验,可以通过创新、借鉴等方式应用到页岩气勘探开发利用上,而且在政策指导和经济利益驱动下企业也将会有自主研发的积极性和无限的创造力。尽管目前中国尚未形成成熟的页岩气勘探开发技术体系,但在页岩气开采技术及生产装备方面已经具备一定的基础,例如国内在页岩气市场具有竞争力的油气设备制造企业有江汉四机厂、四川宏华石油设备公司、烟台杰瑞、宝鸡石油机械厂等,其中一些企业的部分设备及压裂车组已经成功应用到国内页岩气试验井与北美页岩气开发中。

通过近几年大力科技攻关和勘探开发实践,我国发展形成了一批页岩气勘探开发技术,如表6-12 所示。

表6-12 中国页岩气勘探开发的主要技术及设备情况(据中国能源网研究中心)

环节	关键技术	关键技术介绍	与美国差距	国内关键设备厂商
探井	微地震监测技术	通过采集水力压裂、注水等引起的微地震事件,分析确定出裂缝参数和油藏状态等信息,达到描述裂缝破裂过程、评价压裂效果的目的	尚处于摸索阶段。 须引进相关压裂监测、裂缝规律研究技术	微地震处理解释软件系统:胜利油田

（续表）

环节	关键技术	关键技术介绍	与美国差距	国内关键设备厂商
钻井测井	水平钻井	可以获得更大储集层段面积，提高单井产量	钻井技术已成熟，差距很小。易钻桥塞工具生产差距大（国外贝克休斯生产）	钻机及 PDC 钻头：宝鸡石油机械、宏华集团、南阳石油机械；顶部驱动钻井系统：北京石油机械厂、辽宁天意实业公司、天津瑞灵石油设备公司
	随钻测井	在油气田勘探、开发过程中，钻井之后必须进行测井，以便了解地层的特性和含油气情况	测井资料解释水平差距大	
	随钻地质导向技术	该技术是用近钻头地质、工程参数测量和随钻控制手段来保证实际井眼穿过储层并取得最佳位置	工程应用软件、地质导向人员水平差距大	
井下作业	水力压裂	该技术的作用是改善储层本身渗透率，提高流体的渗滤通道，加快油气的开采速度，提高单井采收率	已成熟应用，差距很小	压裂车组：江汉四机厂、烟台杰瑞石油服务公司、大港油田集团中成机械制造；井下工具：川庆钻探、渤海钻探工程、西部钻探工程有限公司
	压裂液等压裂材料	水力压裂的关键在于压裂液须针对地层和流体特点加入一些特殊的添加剂和支撑物并形成有特色的工艺体系，以降低储层损害，改善页岩气层本身超低的渗透率，提高导流性	压裂液配方优化、支撑材料性能有差距	
采气			已成熟应用	气动机：济南柴油机股份有限公司、胜动集团；抽油机（可抽气）：渤海装备、玉门油田机械厂、大庆装备制造集团、胜利油田、孚瑞特石油装备公司

同时，2012 年以来中国国土资源部组织开展的页岩气探矿权招标，已经明确提出鼓励民间资本及多种市场主体联合竞标页岩气区块。可见，今后具备雄厚资金实力或页岩气市场应用方面优势的企业可与国内油气装备制造企业及技术公司开展合作（表 6 - 13），联合竞标页岩气区块，这种优势整合能够降低企业投入新兴产业时面临的高风险，同时也是推动页岩气技术快速发展的有效途径。

企业名称	主营业务	优势技术/设备	备注
烟台杰瑞石油服务集团股份有限公司	油气开发设备；石油服务	压裂成套设备；系列固井设备；连续油管作业设备	上市公司，其压裂车组已批量用于北美页岩气开采

表 6 - 13　中国页岩气勘探开发主要技术及设备提供商（据中国能源网研究中心）

（续表）

企业名称	主营业务	优势技术/设备	备注
江汉石油管理局第四石油机械厂	钻井工程设备；采油及井下作业设备；海洋石油钻采设备；高压流体控制元件；组合管汇	快移快装钻机；低温石油装备；自动混浆水泥车；大功率压裂机组研制	中石化旗下企业，承担国际上功率最大的压裂机组重大科技项目，获国家专利100多项，拥有200多个规格的产品群
江汉石油钻头股份有限公司	油用钻头；石油器械装备	油用牙轮钻头；油用金刚石钻头	上市公司，亚洲最大的石油钻头制造商；2010年石油钻头国内市场占有率超过80%，国际市场占有率达到15%
四川宏华石油设备有限公司	陆上钻机业务；部件及配件服务；钻探支持服务	数控变频电动陆地钻机；常规陆地钻机	上市公司，国内领先的陆地钻机技术开发者，钻机已成功用于北美页岩气开发
宝鸡石油机械有限责任公司	常规陆地钻机；极地钻机和海洋成套钻机；海上钻采平台设备；特种车辆；钻采配套产品	1 000～12 000 m常规陆地钻机；海洋钻机；井架系列；500～3 000马力①各系列钻井泵	中石油旗下企业，2010年底已为国内提供4 000 m以上陆地钻机900多台（套），占国内油田陆上在用钻机总数的50%以上；海洋平台钻机30余台（套），占"十一五"期间国内新增海洋钻机70%以上；出口钻机超过100台
北京石油机械厂	石油钻采装备制造和服务	顶部驱动钻井装置；钻井随钻仪器；螺杆钻具；地面防喷器控制装置	隶属于中石油的石油钻采装备专业制造厂；拥有自营进出口权
上海神开石油化工装备股份有限公司	井场测控设备；石油钻探井控设备；采油井口设备；石油产品规格分析仪器	综合录井仪；无线随钻测斜仪；钻井参数仪	综合录井仪市场占有率处于行业龙头地位；搜集分析数据的速度仅为30 s

2. 拥有一批有资质及经验的油田技术服务企业

目前，中国常规油气资源矿业权基本为国有石油公司所有，中国页岩气资源条件较好的区块也大都与几大国有石油公司已登记的常规油气区块重叠，因此，现阶段国有石油公司是页岩气勘探开发的主力。这些拥有多年勘探开发资质的企业如中石油、中石化、中海油、延长石油等，既具备强大的经济实力，同时在技术研发、设备制造、技术服务等多环节积累了相当丰富的运营与管理经验，具备通过国外技术转让、技术合作等方式迅速实现页岩气勘探开发突破的实力和基础（表6-14）。事实上，目前取得进展的勘探试验井也多为几大国有公司所投入或主导。

---

① 1米制马力（ps）=0.735千瓦（kW）。

企 业 名 称	主 营 业 务	优势技术/设备	备 注
中石油	大型中央企业，拥有中国陆上天然气70%以上的探矿权与采矿权		
中石化	国内最大的综合国有石油公司，拥有中国陆上天然气探矿权与采矿权		
中海油	国内海上最大的综合石油公司		
延长石油	地方国有石油公司		
中国石油东方地球物理公司(东方物探)	陆地、浅海地震勘探及物化勘探； 采集与处理； 勘探技术与装备研发； 技术工程承包	地震采集； 数据处理； 资料解释； 物探装备	中石油旗下、国内最大的专门从事地球物理勘探的工程技术服务公司，职责是寻找油气资源
中国石油长城钻探工程分公司(长城钻探)	地质勘探； 钻井、测井、录井； 井下作业	多分支钻完井； 水平井/完井； 三维精细地震采集； 录井信息综合应用	中石油直属专业化石油工程技术服务公司，拥有外经贸权和对外经济技术经营权，有钻探工程总承包一级施工资质，具备工程技术服务总承包能力
中国石油渤海钻探工程公司	钻井、录井等工程服务； 石油工程技术研究； 油气田合作开发	水平井钻井； 大位移井钻井； 超深井钻井； 精良钻井装备	中石油全资子公司；为中石油-壳牌合作的阳101井提供欠平衡钻井服务
中海油田服务股份有限公司	物探勘查服务； 钻井服务； 油田技术服务； 船舶服务	钻井一体化总承包； 地震数据处理； 船舶作业； 运输服务	中国海上最大的油田服务上市公司，能完成技术含量较高的水平井钻、完井总包以及测井总包
北京托普威尔石油技术服务有限公司	修井、完井设备及技术服务提供	不压井修井、完井技术服务； 欠平衡钻井服务； 不压井作业机、修井机	参与中石油页岩气井宁201井的服务和作业。对四川、华北、大庆、中原等油田的近百口油气井进行了不压井作业技术服务

表6-14 中国主要石油公司与油气田技术服务企业（据中国能源网研究中心）

第三节 市场结构

页岩气开采的完整产业链分为：上游勘探开发、中游储运和下游利用（图6-5）。

图6-5 页岩气开采
的完整产业链(据中国
能源网研究中心)

除勘探设计开发外,钻井采气设备生产和开采技术在"十三五"期间有待进一步突破,管网建设方面也仍有大量空缺。页岩气的勘探开发是一个循序渐进的过程,投资机遇贯穿整个产业链。

一、 上游

上游勘探开发,包括设计资源寻找开发方案、数据搜集处理和实施等环节。在勘探方面,国内目前的勘探基本由中石油、中石化内部公司完成。从技术和成本角度分析,页岩气的勘探开发大致涉及勘探、钻井及测井、井下作业和采气 4 个主要阶段。其中,最主要的成本来自取得矿权、钻井和压裂部分,三者合计占生产总成本的 85.86% 。

对于取得页岩气探矿权的单位,这一类公司先期投入较大,投资回报率较低,驱动因素主要是政策性补贴力度。勘探及开采产业链上的公司,特别是相关设备提供商将率先受益,如有关页岩气水力压裂和水平钻井中使用的特种设备的企业。

钻井过程主要包括井筒钻探建设、地层识别、井筒与地层联通等新井的建设过程;采气过程主要包括完井后采气过程中需要的酸化、压裂等地层改造,此过程最受益的是油服类企业。一旦企业确定区块的整体开发方案,首先要进行的是设备的招标采购,尤其是页岩气水力压裂和水平钻井中使用的特种设备。据中石油经济技术研究院测算,压裂设备占开发成本已经超过50%。另外,据美国页岩气的开发经验,一般页岩气开发中的压裂设备只能使用1~5年就要更新。中国目前有1 800多家石油天然气设备生产商,开采设备行业市场竞争激烈。值得注意的是油气企业一般会长期购买设备,对采购价格不敏感。只有技术含量高、替代产品少、竞争对手少的产品,才可以获得稳定的利润。

对于页岩气这种对技术水平要求较高的行业,进入门槛高,有效降低成本、保证作业安全是开采公司考虑的首要因素,包括技术服务商、设备提供商、钻采技术领先的油服类企业有望持续获得订单。后续的关键在于钻采技术的突破,钻采技术领先的油服类公司也将在钻井阶段受益。参照美国的经验,采气产业链上的公司可能有较长的资本回收期,但短期很难看到业绩。

二、 中游

中游储运环节主要为储存、运输的管道阀门供应商和运输车辆生产商。拥有天然气资源和分销管网的企业也将会是受益企业。从长期来说,具备资金实力且进军页岩气开采领域的企业为最大的受益者。中石化已声明未来10年重要的投资领域是页岩气等非常规油气资源。天然气运输企业将直接受益于天然气价格下降及消费量增加。

三、 下游

对于页岩气产业链的下游由于目前还未达到大规模的商业化生产,且下游与天然气产业链下游基本一致,因此投资需求主要以天然气的投资机会分析为依据。对于页岩气产业链投资主要还是集中在上游和中游,下游则依据页岩气的量产进行相应投资。

第四节　未来前景

一、开发前景预测

1. 页岩气资源潜力预测

据国外学者评估,中国页岩气地质资源量约为 100×10^{12} m³。据国内学者估算,重点盆地和地区页岩气可采资源量为 25×10^{12} m³,如采收率按照 20% 计,地质资源量则达 130×10^{12} m³。据国土资源部油气资源战略研究中心初步估算,中国页岩气地质资源量达 155×10^{12} m³,可采资源量约 31×10^{12} m³。主要分布在南方古生界海相富有机质页岩地层和北方湖相、海陆交互相的富有机质泥岩地层当中。其中,四川盆地及其周缘地区、中下扬子地区、鄂尔多斯盆地、沁水盆地、准噶尔盆地、渤海湾盆地及松辽盆地等区域将是中国页岩气勘探开发的主战场。

2. 页岩气开发前景预测

在应对全球气候变化、发展低碳经济的背景下,随着油气资源管理体制改革的不断深入和开发政策的不断完善,天然气需求增长日趋强劲,非常规天然气产业将迅猛发展,其储量、产量将高速增长。基于相关前提条件,对未来 10 ~ 20 年中国非常规天然气产量进行了预测。

初步预计,未来 10 ~ 20 年,非常规天然气产量将显著增长,成为全国天然气储量、产量增长的主要来源之一,从而对保障全国天然气供应起到日益重要的作用。2020 年全国天然气产量将达 $3\,500 \times 10^8$ m³,其中非常规天然气产量占到 66%;2030 年全国天然气总产量将达到 $5\,500 \times 10^8$ m³,其中非常规天然气产量约占 70%,如表 6 - 15 所示。

表 6 - 15　中国天然气产量预测(潘继平、胡建武、安海忠,2011)(单位: $\times 10^8$ m³)

类　型	2015 年	2020 年	2030 年
页岩气	50	800	1 500
天然气总量	1 450	3 500	5 500

中国页岩气尚处于起步初级阶段,还没有形成大规模开发,因此必然存在着许多问题,但是不得不承认的是,中国页岩气资源丰富,天然气需求旺盛,开发前景巨大。伍德麦肯兹咨询公司预测,2030 年中国对天然气的需求量将是目前的四倍,即中国对天然气的需求量将从目前的 $1\,500 \times 10^8\ m^3$ 增长到 $6\,000 \times 10^8\ m^3$,占世界同期天然气新增需求的 30%。而目前,天然气只占中国一次能源消费结构的 4.5%,主要产地是四川盆地和塔里木盆地,到 2030 年页岩气可能占到天然气总产量的 23%,成为天然气最大的来源。

中国国内政策正在极力推动投资主体的多元化,民营资本被鼓励进入,页岩气勘探钻井的垄断格局有望改变,预计将带动民营特种油气设备与服务企业的发展。从投资所需资金的角度来看,2020 年要达到 $(600 \sim 1\,000) \times 10^8\ m^3/a$ 产量的规划目标,中国国内需要钻井 1.6 万~2.7 万口,按照美国经验推测 2020 年前页岩气产业资本总支出额约为 1 079 亿元,平均年支出 135 亿元;钻井方面资本支出每年至少在 40 亿元以上(中国国内 2011 年钻井相关设备市场规模大约为 28 亿元);压裂设备支出每年也在 40 亿元以上(中国国内 2011 年压裂设备市场规模大约为 60 亿元),其他相关资本支出每年应在 55 亿元以上。

二、 商业投资机会与风险

1. 长期关注页岩气产业与政策演进

油气行业涉及的不外乎勘探开发、油田服务、设备制造以及市场运营这几类企业。参与页岩气开采的企业想要实现盈利,成本需要下降至少 60%,而且预计需要 5~10 年才能够实现盈利。相对看好的是为勘探、开采提供技术和设备的产品以及服务的企业,除此之外在页岩气大规模商业化之后进行终端应用时,具备渠道优势的 LNG 加注站或者拥有天然气管网的公司也能够实现盈利。市场对页岩气产业链相关公司的估值溢价来自国家出台相关支持政策的刺激效应,后续值得关注的催化因素包括对页岩气开采的补贴以及税收优惠政策等,能够从页岩气开采中实际受益的公司才值得进行长期价值投资,这类公司大都出自页岩气勘探开采设备以及技术服务类行业。对于私募、风投等投资者而言,目前最好还是介入设备及技术服务类行业投资。建议长期关注国内页岩气产业化的发展状况及相关产业政策的调整与变化,及时发掘油气特种设备行业的投资机会。

2. 警惕非常规天然气开发的风险

近年来,中外合作虽然在一定程度上降低了页岩气开采成本,但整体来说,中国页岩气开发尚处于探索起步阶段,页岩气开发周期长、短期内无法获得回报的"痛点"依旧存在,有关页岩气勘探开发及市场利用的相关法律政策也还处于研究、探讨及逐步细化阶段。在油价持续下跌的状态下,政策扶持红利、改进开采技术及降低成本预计仍将是行业未来发展的主要趋势。中国页岩气勘探开发及利用还亟须在管理体制、产业政策、核心技术、价格机制、成本和经济性以及环境监管等方面寻求尽快突破,如果这些问题不尽快解决,也将给投资页岩气产业带来一定的风险,主要涉及资源及勘探风险、政策风险、技术合作风险、经济性风险,以及环保因素带来的风险等。

(1)资源及勘探风险。目前,中国页岩气资源家底尚未完全摸清,现有页岩气资源量及主要分布区域也基本上是依据美国页岩气地质资料或国内天然气地质资料类比估算的,中国到底有多少页岩气资源量还需要经过缜密的勘查、取证及评估。所以,现阶段在全国页岩气资源储量不清的情况下,投资页岩气资源及勘查的风险也比较大。

(2)政策风险。目前,中国非常规天然气产业尤其是页岩气的勘探开发及市场应用尚处于探索起步阶段,促进产业快速发展的相关法律政策及相关产业布局还没有明确下来。尤其是有关页岩气开发的矿权管理问题、生产过程监管、财税政策等还不清晰,这在当前国内页岩气勘探开发成本较高、市场应用条件尚不完善的情况下,必然加剧投资页岩气产业的风险。

(3)经济性风险。经济性风险主要涉及两个方面,一方面是中国非常规天然气的地质赋存条件相比美国要复杂得多,且页岩气勘探开发具有初始产量较高、后续产量下降快速等特点,需要进行再压裂等技术来保持或稳定产量,这就带来持续资金投入的成本经济风险;另一方面,关于页岩气开采出来后的市场利用价格问题,国内暂时还没有解决,中国天然气价格严格管制,气价偏低,如果页岩气也执行天然气价格,将带来成本经济性风险。

（4）技术合作风险。目前,中国在页岩气资源评价和水平井、压裂增产开发技术等方面,尚未形成核心技术体系,且不掌握页岩气开发的成套技术,部分单项专利技术基本上都掌握在美国企业手中。所以,在中国能否开发出低成本的非常规气资源的意义要远大于能够开采出非常规气,而这在很大程度上取决于技术上能否取得突破,包括中国油气勘探开发的技术研发等。

（5）环保因素。近年来,油气资源开发的环境问题已经日益引起人们的重视,尤其是继 BP 墨西哥湾漏油以及中海油与康菲公司合作的蓬莱 19 - 3 油田溢油事故之后,国际上更是谨慎对待油气开发的环境问题。已有油气开发的环境事故与环保因素已经给各投资方与开采企业带来巨大的经济与名誉损失。目前,美国国内已经出现关于页岩气开采的环境影响的争议,且美国联邦政府正试图通过修正部分法律来实施更加严格的管制,并要求页岩气开采商加强环保投资及解决方案设计。

在中国页岩气开发启动之初,环保部等政府部门就对页岩气开发的环境影响给予了极大关注,表示将实施严格的监管。我国页岩气的储集层大部分位于北方,页岩气储存的地质背景相对复杂,南方的自然地理特点会使得土地征用成本居高不下、勘探前工作投入大。与此同时,气藏较深,使得钻井和压裂等作业成本高。而北方的多数页岩气储集层属于资源型缺水,如果进行大规模的水力压裂,会使本就面临水资源困境的地区雪上加霜,页岩气的开采将会面临巨大挑战。高投入、高技术要求,产量不稳定的页岩气工程短期内可能看不到收益,投资风险较大。如何寻找到适合当地环境的压裂方式也是一个难题。

第七章

中国页岩气
环境之忧

中国页岩气的地质构造、地表条件、资源潜力及天然气管网设施等与美国存在诸多差异,美国的成功经验不能完全照搬,需要结合中国实际情况来快速启动页岩气勘探开发工作。目前,中国政府已经放宽页岩气勘探开发上游市场准入,引入诸多市场主体参与页岩气开发,在中国页岩气的开发是面向多种类型的企业,其中也包括一些在石油和天然气的勘探和开发缺乏现成经验的公司,这无疑将对环境保护监管提出巨大挑战。由于缺乏行业特定的环保法规,在中国进行页岩气开发的过程中,监管缺失会对环境影响形成巨大风险。

第一节　　开采环境受限

一、 水资源压力

从用水的角度出发,中国是世界上第二大用水国,占全球用水量的 14% 。其中近四分之一是工业用水。中国也是世界上用水压力最大的国家之一,人均水资源量仅为 400 m^3 ,这是美国人均用水量的四分之一,不足国际用水压力基线的一半。此外,水资源在中国的分布很不均匀,中国南部的水资源要比北部丰富得多。然而,北方拥有大部分的化石资源储量。为应对这种局面,南水北调工程正在建设之中,其目的是每年从南方调取超过 440×10^8 m^3 的水到北方。此外,政府还通过各种政策,如"十二五"规划和三条红线以应对缺水危机,这些政策包括用水目标、用水效率、水污染等。

以四川为例,为响应"十二五"页岩气发展规划,四川省政府计划探测 8 个页岩气开发区,到 2015 年底,页岩气产量要达到 30×10^8 m^3 。虽然四川水资源相对丰富,但人口众多、农业发达,仍面临严峻的水资源挑战,此外,供水量的年内变化和全省水资源分布的差异都将对页岩气开发造成不利影响。由于传统水力压裂法需要向地下注入大量的淡水,压裂用水将与其他用水户(如农业灌溉和生活用水)产生用水竞争。此外,当地的政府官员指出,由于缺乏回返排废水再利用和排放的环境标准,即使只有少量的污染物进入环境,也将加剧地表水污染,同时面临来自社区更大的阻力。四川案例表明,即使在水资源相对丰富的地区,页岩气开发仍面临重重挑战,在其他省份,特别是缺水省份所面临的水资源挑战可能更加严峻。

通过世界资源研究所(World Resources Institute,WRI)的全球水风险地图分析工具,对中国页岩气开发面临的水压力进行了分析(图7-1),主要结论如下。

① 近40%的中国页岩气资源位于基线用水压力高或非常高的地区,并且超过23%的储量位于干旱或缺水的地区;

② 作为中国最重要的页岩气产地,四川盆地水文条件复杂,水资源分布不均,各气田之间因地理位置不同可能面临不同的用水压力;

③ 在塔里木盆地,超过95%的页岩气资源开发可能受到极高的基线用水压力限制,加上当地极高的地下水用水压力,页岩气开发取水将面临重大挑战;

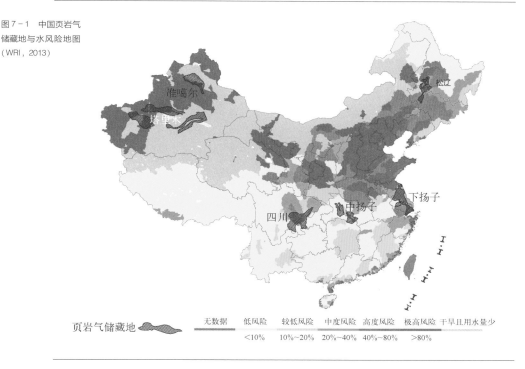

图7-1 中国页岩气
储藏地与水风险地图
(WRI,2013)

页岩气储藏地	无数据	低风险	较低风险	中度风险	高度风险	极高风险	干旱且用水量少
		<10%	10%~20%	20%~40%	40%~80%	>80%	

④ 除塔里木和准噶尔盆地,中国大多数页岩气项目都分布在人口密度高的地区。

中国有近40%的页岩气资源分布于基线用水压力高或极高的地区,页岩气和页岩油的开发可能与其他用水户形成竞争,这为页岩气开发企业带来声誉风险,并且给运营商带来更大的监管不确定性。在塔里木和准噶尔盆地,由于干旱和可供水量稀缺,页岩气开发需要克服取水难题和由于远距离运输水资源造成成本上升的财务风险。

二、 土地破坏和地震风险

重庆、贵州、湖北、湖南、四川、云南等省市,作为中国最有潜力的页岩气资源地区,也是当前页岩气开发的重点地区。以目前进展最快的四川盆地为例,该地区大部分属于丘陵,有些地区还具有较高的人口密度。鉴于近期出现越来越多抗议土地征用的事件,如果没有对页岩气开发进行适当的补偿,有可能也会出现类似的干扰和抗议。社会各界广泛关注的社区破坏,以及土地退化等都是需要注意的重要问题。如果页岩气井在四川盆地的人口密集地区、港口水域或其他生态敏感地区进行开发,其环境风险会很高。此外,由于中国位于欧亚板块的东南边缘,四川盆地的许多地区都处在高地震烈度区。因此压裂过程对地震活动的监测也显得尤为必要。

第二节　　环保制度不足

一、 现有水资源立法不足

页岩气的寿命周期与水资源管理密切相关,主要有两方面,一是勘探和选址阶段,二是水平钻探、水力压裂和生产阶段。

　　在勘探和选址阶段,对水资源的管理主要体现在正式生产之前的环境影响评价及各种防治方案,以防患于未然。根据《矿产资源法》和《水土保持法》,页岩气的勘探选址必须避开大型水利设施以及水土流失重点预防区和重点治理区,以避免对水资源敏感区可能造成的危害;根据《水污染防治法》,生产单位须按规范严格做好分层止水和封孔工作,以避免对地下水的污染;根据《环境保护法》和环境影响评价法等法律法规,生产单位必须进行环境影响评价,以评估页岩气开发对水环境的潜在影响;根据《水土保持法》等法律法规,生产单位须上报水土流失方案,以防治水土流失。

　　在水平钻探、水力压裂和生产阶段,对水资源的管理主要体现在建设一系列防治设施、取水用水、压裂液处理和废水排放上,以规范页岩气开发过程中的水资源管理。由于用水密集、废水产生强度高,上述三大阶段是页岩气水资源管理的主要阶段。其中钻井和压裂所需水量可达到约 500 万加仑,压裂阶段的最大用水量可达总用水量的90%,而压裂后生产阶段的设备维护(冲洗和清洁)则只需少量用水,废水的生成也主要是在这三大阶段。根据《水污染防治法》和《水土保持法》,相关生产单位必须建设水污染防治设施和水土保持设施,并执行"三同时"制度,以保障页岩气开发过程中产生的污染和水土流失问题能够得到有效防治;根据《水法》等法律法规,页岩气生产单位取水必须申请取水许可证,获取水权,以协调页岩气开发用水与居民生活用水之间的潜在矛盾;页岩气压裂液具有特殊性,其中不仅含各种有毒物质,也含有大量砂石,因此根据"十三五"发展规划,相关生产单位须对压裂液进行循环利用,同时根据《水土保持法》,压裂液中的砂石也须进行综合利用,以循环利用压裂液;根据《水污染防治法》等法律法规,页岩气生产单位必须申领排污许可证、缴纳排污费等,以规范页岩气废水的排放。具体法律法规如表 7-1 所示。

表 7-1　中国页岩气开发水资源管理的相关法律法规(WRI, 2013)

寿命周期	开发阶段	法律法规	具 体 规 定
勘探、选址	选址规避	矿产资源法[①]	不得在大型水利设施附近一定距离以内开采矿产资源
		水土保持法[①]	避让水土流失重点预防区和重点治理区
	勘探	水污染防治法[①]	揭露和穿透含水层的勘探工程,须按规范严格做好分层止水和封孔工作

（续表）

寿命周期	开发阶段	法律法规	具 体 规 定
勘探、选址	环境影响评价	环境保护法①	建设污染环境项目，须进行环境影响评价
		环境影响评价法①	应当进行环评而未评价，或未经依法批准而擅自开工的，由环保部门责令停止并限期补办
		水污染防治法①	超过重点水污染物排放总量控制指标的地区，应当暂停审批新增重点水污染物排放总量的建设项目的环境影响评价文件
		水法①	在江河湖泊建设排污口，须进行环境影响评价
	水土保持	水土保持法①	在山区、丘陵区、风沙区开办矿山企业，其环境影响报告书中，须有水行政主管部门同意的水土保持方案； 在建设和生产过程中造成水土流失并不进行治理的，可根据所造成的危害后果处以罚款或责令停业治理
		水土保持法实施条例②	有水土流失防治任务的企事业单位，应定期向水行政主管部门通报水土流失防治工作情况
		环境影响评价法①	涉及水土保持的建设项目，其环境影响报告书中必须包括水土保持方案
水平钻探、水力压裂、生产	水污染防治设施建设	水污染防治法①	在饮用水水源保护区内，禁止设置排污口； 向水体排放污染物的企事业单位须依法设置排污口，并向环境主管部门申报排污设施状况； 水污染防治设施应与主体工程同时设计、同时施工、同时投入使用并经验收； 兴建地下工程设施或者进行地下勘探、采矿等活动，应当采取防护性措施，防治地下水污染
		水污染防治法实施细则②	环保部门进行现场检查时，被检查单位应根据需要提供污染物治理设施及其运行、操作和管理情况
		水法①	在江河湖泊设置排污口的，应当遵守国务院水行政主管部门的规定
	水土保持设施建设	水土保持法①	建设项目中的水土保持设施，应与主体工程同时设计、同时施工、同时投产使用、同时验收
	取水用水	水法①	直接从江河湖泊或地下水取用水资源须申领取水许可证，并缴纳水资源费，取得水权； 建设项目应制定节水措施方案，配套节水设施，节水设施应当与主体工程同时设计、同时施工、同时投产； 在水资源不足地区，限制建设耗水量大的工业项目； 人工回灌补给地下水，不得恶化地下水质； 控制地下水开采
		取水许可和水资源费征收管理条例②	取水许可应当首先满足城乡居民生活用水，兼顾工业用水需要； 申请取水的单位应当向具有审批权限机关提出申请，为保障矿井等地下工程施工安全和生产安全必须进行临时应急取水的无须申领取水许可证； 按照行业用水定额核定的用水量是取水量审批的主要依据； 取水单位应当缴纳水资源费
		循环经济促进法①	对年用水量超过国家规定总量的重点企业实行水耗的重点监督管理制度； 应当采用先进或者适用的节水技术、工艺和设备，制定并实施节水计划，加强节水管理，对生产用水进行全过程控制

（续表）

寿命周期	开发阶段	法律法规	具 体 规 定
水平钻探、水力压裂、生产	压裂液处理	页岩气"十三五"发展规划[2]	页岩气压裂液须多口井循环重复利用
		水土保持法[1]	综合利用排弃的砂、石、土、矸石、废渣等
	废水排放	水污染防治法[1]	执行水污染物排放总量控制标准； 向水体排放废水应当申领排污许可证； 排放工业废水的企业，应当对其排放的工业废水进行监测，并保持原始监测记录； 禁止利用渗井、渗坑、裂隙和溶洞排放、倾倒含有毒污染物的废水； 环保部门有权对管辖范围内的排污单位进行现场检查，被检查单位应予以配合； 向水体排放污染物的企事业单位和个体工商户应缴纳排污费
		水污染防治法实施细则[2]	矿井、矿坑排放有毒有害废水，应当在矿床外围设置集水工程，并采取有效措施，防止污染地下水
		污水综合排放标准[2]	遵守国家污水综合排放标准
		污水排入城市下水道水质标准[2]	若需排入城市下水道，须遵守污水排入城市下水道水质标准
		环境信息公开办法[2]	国家鼓励企业公开企业环境信息，包括排放污染物种类、数量、浓度和去向

注：1. [1] 表示法律；[2] 表示行政法规。

　　2. 出现相同法律规定的，归入高一级法律法规之中，如水污染防治法与水污染防治法实施细则中的相同条款，归入水污染防治法。

通过分析，可以初步识别以下几项制度缺陷：

① 作为页岩气行业最重要的生产要素，水资源并没有被纳入页岩气开发的前置审批条件；

② 国家尚未出台针对页岩气行业的环境影响评价导则，沿用传统油气行业的环评导则不能准确的反应页岩气开发对水资源、水环境的影响；

③ 国家尚未制定页岩气行业的污水排放标准和污水处理技术导则；

④ 国家没有对页岩气行业压裂液成分进行强制规定。

为了避免"先污染、再治理"的老路，必须在大规模的钻探生产活动开启之前，出台相应的水环境管理和水资源保育规章制度，构建页岩气开发的水资源管理框架。

二、 土壤污染防治立法空白

企业长期排污造成土壤或者地下水污染的,涉及的因果关系和企业法律责任归属都较为复杂,中国现行法律尚无明确规定。

只有《固体废物污染环境防治法》第 35 条对单位终止遗留废物的处置作了规定:"产生工业固体废物的单位需要终止的,应当事先对工业固体废物的储存、处置的设施、场所采取污染防治措施,并对未处置的工业固体废物做出妥善处置,防止污染环境。产生工业固体废物的单位发生变更的,变更后的单位应当按照国家有关环境保护的规定对未处置的工业固体废物及其储存、处置的设施、场所进行安全处置或者采取措施保证该设施、场所安全运行。变更前当事人对工业固体废物及其储存、处置的设施、场所的污染防治责任另有约定的,从其约定;但是,不得免除当事人的污染防治义务。对本法施行前已经终止的单位未处置的工业固体废物及其储存、处置的设施、场所进行安全处置的费用,由有关人民政府承担;但是,该单位享有的土地使用权依法转让的,应当由土地使用权受让人承担处置费用。当事人另有约定的,从其约定;但是,不得免除当事人的污染防治义务。"

三、 化学品环境管理立法空白

对于化学品,中国主要从安全角度进行管理,主要适用《危险化学品安全管理条例》。对于危险化学品的环境管理,该条例主要规定,环境保护主管部门负责废弃危险化学品处置的监督管理,组织危险化学品的环境危害性鉴定和环境风险程度评估,确定实施重点环境管理的危险化学品,负责危险化学品环境管理登记和新化学物质环境管理登记;依照职责分工调查相关危险化学品环境污染事故和生态破坏事件,负责危险化学品事故现场的应急环境监测。

上述制度在《危险化学品安全管理条例》中并未明确,环保部根据条例授权,个别制定发布了《危险化学品环境管理登记办法(试行)》等部门规章,法律层级较低。

四、 环境信息公开立法空白

信息公开是公众参与监督、强化环保执法的有效手段。但是,目前中国仅仅针对政府信息公开制定了《政府信息公开条例》,尚无针对企业的环境信息公开立法。环境保护部发布的《环境信息公开办法》要求企业公开环境信息,但是只是部门规章,缺乏法律的强制力。

综上所述,中国现有的油气资源的开发中,环境监管能力薄弱,未有完善的环境监管法律、标准、规范和处罚措施,多年来对常规油气勘探开发的监管主要靠石油企业的自律,缺乏专门石油天然气法律法规和国家标准,政府监管缺位,环境监管的现场执行不到位。目前页岩气作为独立矿种因其采用水力压裂技术和滚动开发的特点所带来的特殊环境问题,基本没有统一的环境标准和规范可以参照,更没有现场的环境监管人员进行监管。国土资源部组织开展的第二轮页岩气勘探矿权招标,允许民营经济多元投资主体投入,特别是非传统油气企业进来以后,水平参差不齐,不能再依靠企业的自律管理,政府必须在开放准入的同时建立监管制度,完善相关法律标准,承担环境监管责任。

第三节   环境管理及其制度缺陷

一、 现行环境监管和法律制度分析

目前,中国尚未针对页岩气开发制定专门的环境监管法律、标准、规范和政策,对于页岩气开发的环境监管主要参照常规油气的环保法律法规。在国家层面,主要的相关法律包括《环境影响评价法》《环境保护法》《水污染防治法》《大气污染防治法》等;在地方层面,山东、黑龙江、辽宁、河北、山西、新疆、甘肃 6 省市颁布了陆上石油勘探开发的相关地方法规。在部门层面,环境保护部 2007 年发布了《环境影响评价技术导

则：陆地石油天然气开发建设项目》,2009 年修订了环评分类管理目录,2012 年颁布了《石油天然气开采污染防治技术政策》。目前,环境保护部门针对页岩气的开发特点,对页岩气的环境影响评价、环境标准和环保技术规范进行了积极研究。

1. 环境准入管理——环境影响评价制度

环境影响评价是环境准入的主要制度保障。目前中国的环境影响评价立法主要包括《环境影响评价法》《规划环境影响评价条例》和《建设项目环境保护管理条例》。

（1）页岩气发展规划应当依法环评

《环境影响评价法》第八条和《规划环境影响评价条例》第二条均规定,国务院有关部门、设区的市级以上地方人民政府及其有关部门,对其组织编制的土地利用的有关规划和区域、流域、海域的建设、开发利用规划,以及工业、农业、畜牧业、林业、能源、水利、交通、城市建设、旅游、自然资源开发的有关专项规划,应当在规划编制的过程中进行环境影响评价。经国务院批准,原国家环境保护总局 2004 年 7 月 3 日颁布了《编制环境影响报告书的规划的具体范围（试行）》（环发〔2004〕98 号）,其中规定,设区的市级以上矿产资源开发利用规划及油（气）田总体开发方案应当编制环境影响报告书,能源指导性专项规划〔含设区的市级以上能源重点专项规划、油（气）发展规划〕应当编制环境影响篇章或说明。

（2）页岩气建设项目应编制环境影响评价报告

《环境影响评价法》第十六条规定,国家根据建设项目对环境的影响程度,实行环境影响评价分类管理,建设单位应当按照国务院环境保护行政主管部门制定公布的建设项目的环境影响评价分类管理名录组织编制环境影响评价文件。根据 2008 年环保部发布的《建设项目环境影响评价分类管理名录》（环境保护部令第 2 号）,天然气开采（含净化）类建设项目均应编制环境影响报告书。

（3）《环境影响评价技术导则：陆地石油天然气开发建设项目》

为了规范和指导陆地石油天然气开发建设项目的环境影响评价工作,环境保护部在 2007 年批准《环境影响评价技术导则：陆地石油天然气开发建设项目》为国家环境保护行业指导标准。

2. 水污染防治法律制度

《水污染防治法》适用于海洋之外的各种水体的污染防治,包括江河、湖泊、运河、渠道、水库等地表水体以及地下水体。它对水环境质量标准和污染物排放标准的制定、水污染防治的监督管理、防止地表水和地下水污染以及违法应当承担的法律责任等方面作出了规定。其中可以适用于页岩气监管的法律制度包括以下5项内容。

（1）水污染防治标准的制定

水污染防治标准包括水环境质量标准、水污染物排放标准制度以及总量标准。国务院环境保护主管部门制定国家标准，如果国家标准中未作规定的项目，省、自治区、直辖市人民政府可以制定地方标准，并报国务院环境保护主管部门备案。地方标准应该至少要严于国家标准。

（2）总量控制制度

国家对重点水污染物实施排放总量控制制度。省、自治区、直辖市人民政府可以根据本行政区域水环境质量状况和水污染防治工作的需要，确定本行政区域实施总量削减和控制的重点水污染物。

（3）排污许可制度

《水污染防治法》第二十条规定，直接或者间接向水体排放工业废水和医疗污水以及其他按照规定应当取得排污许可证方可排放的废水、污水的企事业单位，应当取得排污许可证。排污许可的具体办法和实施步骤由国务院规定。

（4）排污监测

关于排污监测，《水污染防治法》第二十三条规定，重点排污单位应当安装水污染物排放自动监测设备，与环境保护主管部门的监控设备联网，并保证监测设备正常运行。排放工业废水的企业，应当对其所排放的工业废水进行监测，并保存原始监测记录。具体办法由国务院环境保护主管部门规定。

（5）有毒有害物质排放和地下水排放禁止规定

《水污染防治法》还有一些与页岩气开采活动密切相关的排污禁止条文。如第三十条规定：禁止向水体排放、倾倒放射性固体废物或者含有高放射性和中放射性物质的废水。向水体排放含低放射性物质的废水，应当符合国家有关放射性污染防治的规定和标准。

为了保护地下水源，该法作了一些特别规定，第三十五条规定，禁止利用渗井、渗坑、裂隙和溶洞排放、倾倒含有毒污染物的废水、含病原体的污水和其他废弃物。第三十六条规定,禁止利用无防渗漏措施的沟渠、坑塘等输送或者存储含有毒污染物的废水、含病原体的污水和其他废弃物。第三十七条规定,多层地下水的含水层水质差异大的,应当分层开采;对已受污染的潜水和承压水,不得混合开采。第三十八条规定,兴建地下工程设施或者进行地下勘探、采矿等活动,应当采取防护性措施,防止地下水污染。第三十九条规定,人工回灌补给地下水,不得恶化地下水质。

针对上述排污违法行为,该法第七十六条规定了 10 万元以下、20 万元以下以及 50 万元以下不等的罚款。针对违法设置排污口或者私设暗管排污的,该法第七十五条规定,可处 10 万元以下的罚款,逾期不拆除的可提至 50 万元,并可由地方人民政府责令停产整顿。

3. 大气污染防治法律制度

天然气行业是甲烷排放、挥发性有机化合物(VOC)以及有害空气污染物排放的主要来源。中国的页岩构造还含有达到有害浓度水平的硫化氢(H_2S),但是其尚未成为大气污染防治的重点。《大气污染防治法》(2015 年修订版)是规范大气污染防治的综合性法律,针对大气污染物排放规定了包括污染物排放标准、总量控制、排污许可等一系列制度。如果对页岩气开采中排放的气体实施法律监管,应当适用该法律。

4. 环境应急预案和报告制度

《水污染防治法》第六十七条规定,可能发生水污染事故的企事业单位,应当制定有关水污染事故的应急方案,做好应急准备,并定期进行演练。生产、储存危险化学品的企事业单位,应当采取措施,防止在处理安全生产事故过程中产生的可能严重污染水体的消防废水、废液直接排入水体。

《水污染防治法》第六十八条规定,企事业单位发生事故或者其他突发性事件,造成或者可能造成水污染事故的,应当立即启动本单位的应急方案,采取应急措施,并向事故发生地的县级以上地方人民政府或者环境保护主管部门报告。环境保护主管部门接到报告后,应当及时向本级人民政府报告,并抄送有关部门。除此之外,《大气污染防治法》第二十条、《固体废物污染环境防治法》第六十三条也作了类似规定。

二、 水资源管理框架

中国与页岩气开发工作相关的部门有国家发展和改革委、财政部、国土资源部、国家能源局、环境保护部、水利部、住房和城乡建设部等,其中与水资源管理工作相关的主要是环境保护部、水利部、住房和城乡建设部这三个部门。与美国的"联邦-州-地方"三级监管的模式类似,中国目前沿用了传统油气行业的环境管理模式,即"国家-省(直辖市)-县"分级管理的架构,形成了一个纵横交错的管理体系(图7-2)。

图7-2 中国页岩气水资源管理框架(WRI,2013)

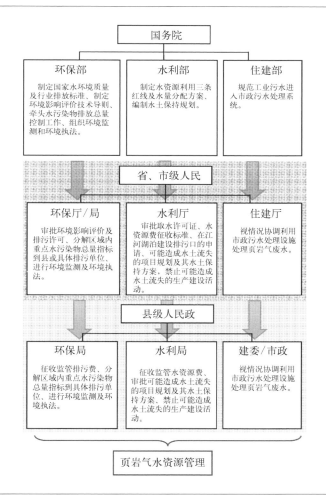

在横向上,相关部委按职责各司其职对页岩气开发进行监管。环境保护行政主管部门主要负责"水质",主导页岩气开发相关标准的制定、环境影响评价、排污许可证的审批监管、环境监测以及环境执法;水利行政主管部门则主要负责"水量",审批页岩气开发项目的水土保持方案、监管取水许可证、征收水资源费,以及审批在江河湖泊建设排污口的申请;根据美国页岩气开发的经验,页岩气废水可能被送往市政污水处理厂进行处理,相关程序必须满足住建部门的要求。

从纵向上,国家部委、省市、县对页岩气开发过程中的水资源管理进行分级管理。国家部委的工作重心是制定行业规范;省市一方面落实国家的政策规定,一方面结合地方实际情况,出台地方标准和实施细则;地方则对本行政区域内的相关工作负责。以水污染物排放总量控制指标为例,环保部在国务院指导下负责制定全国的水污染物排放总量控制指标,省、市级的环境保护行政主管部门负责将本行政区域内的水污染物排放总量控制指标落实到具体的县,再由县级环保局负责将分配到的水污染物总量控制指标落实到具体的排污单位,比如页岩气开发企业。

由以上分析可以发现,中国页岩气水资源管理基本上实行水质和水量的分开管理,水质管理主要由环保部门和住建部门负责,水量管理则主要由水利部门负责。但是在页岩气开发过程中,对水的取用以及废水的产生,基本贯穿整个寿命周期的始终,水质和水量管理的割裂,意味着其水资源管理可能在不同部门之间存在交叉,在提高管理成本的同时,可能会带来更多不确定的环境风险。

三、 现行环境法律存在的问题

中国的石油和天然气行业缺少国家层面的环保法规,这也许反映了一个事实,即中国石油、中国石化以及中海油都是部级或副部级的国有企业,其管理将基本依靠自律。《石油和天然气开采业污染防治技术政策》是由环境保护部于 2012 年颁布,该政策的目的是对有关机构进行指导,但不要求强制执行。

在有大量的常规石油和天然气的资源的少数省,尤其是甘肃、河北、黑龙江、辽宁、陕西、山东、新疆,已通过自己的石油勘探和开发的环境法规。但位于四川盆地的五个省并没有颁发特定的石油和天然气行业的环保法规。

现行环保法律法规及其执行有以下的弊病:① 政策制定者同时也是监管者;② 政策有效性和覆盖面受到限制;③ 缺乏执法程序和机制;④ 惩罚力度不够高,不足以对违规进行震慑;⑤ 缺乏明确有关负责执行的机构;⑥ 执行普遍不力,司法机关在审理环境纠纷过程中的作用非常有限,而无法执行法庭命令;⑦ 过度分散的水资源管理制度;⑧ 信息透明度低,关于水质、水量、用水户、水污染者的情况无法获知,其他政府机构和广大市民无法参与环境保护;⑨ 由于当地环保部门依靠当地政府的工作人员,当地政府并提供他们的大部分预算,从而致使环保部门必须服从地方政府,一些政府将经济发展置于环境保护之上。

例如,《环境影响评价法》中对"未批先建"的行为处罚 5 万元以上 20 万元以下的罚款过轻,环保部门责令停止建设缺乏强制手段,难以实际执行。如果不加强监管,建设单位故意"未批先建"或者环评走过场的行为,就难以杜绝。对规划编制机关在组织环境影响评价时弄虚作假或者有失职行为的,规划审批机关对未依法实施环境影响评价的规划予以批准的,法律只规定对相关主管人员和其他直接责任人员给予行政处分,制裁力度也较为有限。

中国的企业排污达标和监测责任不配套,实施不够严格,有些地区目前还没有具体规定。中国的总量控制是按地区进行的,而不是像 1996 年《水污染防治法》那样针对具体流域,而页岩气开发可能对小流域水质产生影响;实施主体为国家和省级人民政府,页岩气开发影响的是具体地区;总量控制的对象限于 COD、氨氮等,这并非页岩气开发产生的主要污染物。同时排污许可制度尚无配套法规,规范排污缺乏法律依据。有毒有害物质排放和地下水排放禁止规定,法律责任较轻,难以遏制违法行为发生。

《大气污染防治法》缺乏污染物定义,实践中未将甲烷等具有温室效应的气体作为污染物纳入监管。在最新修订的《环境空气质量标准》(GB 3095—2012)中,甲烷和 VOC 并未被列入。在污染物排放标准方面,《大气污染物综合排放标准》(GB 16297—1996)并未规定甲烷等排放标准,也没有天然气行业的排放标准。

在页岩气环境事故应急方面,对于高污染活动没有严格的法律责任追究规定,只有《水污染防治法》第七十六条规定，造成污染的单位逾期不采取治理措施的，环境保护主管部门可以指定有治理能力的单位代为治理，所需费用由违法者承担。此外，也没有建立环境污染责任保险等责任社会化分担机制。

第八章

中国页岩气
产业化发展
的障碍

第一节　　前两轮招标经验总结

将前两轮招标经验归结起来,可以将页岩气区块中标企业开发进展有限的原因总结为以下四点。

1. 区块资源禀赋相对较差

中国页岩气资源中 77% 的有利区块面积、80% 的资源潜力处于几大国有油企现有油气资源区块内。在第二轮页岩气招标中,最终出让探矿权的 19 个区块地质资料、资源条件、基础设施等普遍较差。虽然国土资源部在招标文件里简单介绍了区块的方位信息,但并未提供可对区块进行资源价值判断的数据,让中标企业难以对区块优劣、资源多少进行有效判断,即便资源情况乐观也只能归为二等,未来产量大小难预料,企业投资开发风险较大。

2. 中标非油气企业普遍缺乏油气勘探经验

在第二轮页岩气区块招标中,最终中标的 19 家企业都没有从事石油、天然气等传统油气开发经验,其中有 2 家为民营企业,4 家是在投标前三个月之内成立的。这些中标企业并不掌握页岩气勘探等相应的开发技术,中标后因种种原因不得不转让或寻找其他企业合作,这或许对一些有实力的企业进入页岩气勘探带来或多或少的影响。

3. 对外技术合作政策不完善

多数中标企业不仅自身严重缺乏与国外油企和油服合作的经验,而且由于国内绝大多数油服公司仍从属于国有石油公司(往往采取绝对控股的方式),加之在页岩气招标阶段,三大油企又处在这些中标企业竞争对手的位置上,国内油服市场并不开放,即便开放,服务合同报价往往较高,中标企业寸步难行。这与国内页岩气管理细则尚未出台,以及页岩气对外合作模式尚待明确有很大关系。

4. 勘探开发成本过高,资金短缺

除去资源、技术、政策等方面的因素之外,阻碍页岩气开发进展最重要的一点就是大多数中标企业开采资金无法到位。页岩气开发的关键在于"采气",一旦开始钻采,就必须保证后续资金的投入规模,在短时间内打出大量开采井,单位面积内打井密度越高,产气量越高,成本越低。因此中标企业是否有实力追加投资、

维持打井强度,需要进一步观察。第二次公开招标中标结果平均每个区块承诺总投入高达 6.7 亿元,远高于招标最低要求(0.9 亿元),投入承诺过高,影响后续效益。在当前页岩气井产量普遍较低、地质资源无法确定、页岩气大规模产业化难以短期实现的情况下,企业仅靠中央财政 0.4 元/立方米的补贴远远无法在近期对冲高额的勘探投资成本,这对企业进行勘探开发形成了巨大的资金压力。

页岩气开发本身就是一项高投入、高风险、长周期的投资活动。美国需要连续接替打上百口甚至上千口的页岩气井才能实现规模化量产,投入高达数亿元。但由于中国矿产资源投融资制度不完善,能否在页岩气产业初期获得来自社会和金融机构的大量资本的支持,成为中国页岩气能否持续发展的关键。

第二节   资源勘查及评价基础工作不到位

目前,中国政府尚未对全国页岩气资源潜力进行系统的调查与评价,有关页岩的相关参数主要来自油气勘探中对烃源岩(暗色页岩)的研究,有些样品采自地表,缺少对页岩含气性评价的第一手资料。

此前国内外学者对页岩气资源潜力的初步估算,所依据的基础资料是在常规油气勘探开发中对烃源岩(暗色页岩)的研究,缺乏第一手页岩气井实地勘察资料。因此,即使有多家机构对中国页岩气资源潜力进行了估算,但各机构对页岩气的地质认识、规范和标准都存在差异,且中美页岩在气化、性质(海相或陆相)、含气性及保存条件等方面也存在较大的差异,各机构对中国页岩气资源潜力的估算结果也有较大的区别。但不同机构的估算结果都表明,中国页岩气资源丰富、类型多、分布广、潜力大,勘探开发前景较好,具有加快勘探开发的巨大资源基础。直到国土资源部 2012 年 3 月发布"全国页岩气资源潜力调查评价及有利区优选成果",才有了中国首次系统调查评价页岩气资源的资料,但此次评价仍然缺少大量页岩气实地勘察及生产实践的一手资料,且没有评价青藏区资源潜力,真正的页岩气"家底"仍不清楚。

第三节　　关键技术有待进一步突破

尽管中国页岩气勘探开发已经具备一定的技术装备基础,且拥有一大批油气田技术服务与装备的企业与设备制造商,但中国目前页岩气开发尚处于起步阶段,尤其是针对不同地质和地表条件的页岩气区块,现有技术尚难以完全满足中国页岩气勘探开发的要求,如系统的勘探开发参数测试的实验技术和仪器装备尚不完备;部分核心技术亟须进行重大科技攻关和试验或通过国际合作和自主创新实现突破;中国在旋转导向技术、随钻测井技术、压裂隔离部件等井下技术工艺及设备方面尚存在薄弱环节或缺失,亟须不断提升与完善;特别是页岩气勘探开采过程中涉及的模拟软件、分析软件、监测工具等软科学类技术还须研发和配套。

在关键的压裂技术上,经过 30 多年的发展,以美国为代表的北美地区非常规油气开发已经形成了成熟的水平井分段压裂技术系列,创造了多项分段压裂工艺世界施工纪录:裸眼封隔器＋滑套压裂技术最高施工纪录超过 90 段;泵送桥塞分段压裂技术最高施工纪录超过 40 段;套管射孔管内封隔器＋滑套分段压裂技术最高施工纪录超过 42 段;连续油管环空加砂压裂技术最高施工纪录超过 43 段。而目前中国的分段压裂施工最高纪录仅仅为 20 多段,且需要依靠国外石油公司技术服务才能实现。此外,在非常规油气领域基础研究还很薄弱,压裂工具、材料、配套设备国产化、自产化程度低,主体技术尚未成熟,配套技术尚不完善,工程成本居高不下,难以满足实际的生产需求。这一切都反映出我国在高新材料、精工制造等基础工业领域与国外先进水平的差距,技术攻关工作有待进一步提升,需要全方位开展非常规工艺理论的技术攻关、试验及推广。

同时,也必须指出,由于中国与美国地质情况不同,中国的地质情况是海相、湖相以及海陆交互相,且页岩气普遍埋藏较深、地质条件复杂、后期破坏严重、开发难度较大,所以中国在开发页岩气的过程中不能完全照搬美国页岩气开发的成功经验及先进技术,引进技术的过程中也将不可避免地存在美国成功技术的"本土化"适应问题。中国页岩气的开发,除借鉴美国成功经验及先进技术之外,还需要在勘探开发实践中不断探索、总结,探寻适合中国地质条件的页岩气开发关键技术及发展模式。

经验表明,页岩气开发的核心是成本控制,因此提高效率控制成本的核心技术工艺是商业开发的关键。美国页岩气公司花费了近20年的时间探索并掌握这些技术工艺组合,每年钻数万口页岩气井的实践才造就了"页岩气革命"的成功。核心技术工艺有强烈的本地化特征,不同区域页岩有不同的石油地质特性,只有通过大量的钻井实践才能形成并掌握适合中国页岩气开发的核心技术工艺。目前,中国页岩气开发尚处于初级阶段,成本还很高,形成成熟的、"本地化"的核心技术工艺尚需时日。

第四节　上游勘采成本高

由于我国缺乏对页岩气资源勘查、评价、开发及生产等一系列作业活动的深入分析和研究,对如何将现有常规油气领域的水平井及压裂技术有针对性地应用于不同页岩气区块的经验尚不足,导致上游勘采成本高于美国数倍,也须尽快组织开展大量的研究、测试以及实践工作,才可以为本国页岩气开发所用。

美国是目前世界上仅有的具有完整石油工业体系的国家,并已经掌握了从气藏分析、数据收集和地层评价、钻井、压裂到完井和生产的系统集成技术,也产生了一批国际领先的专业服务公司,如哈里伯顿、斯伦贝谢、贝克休斯等。围绕页岩气开采,美国形成了一个技术创新特征明显的新兴产业,带动了就业和税收,并已开始向全球进行技术和装备输出,中国可以通过与美国加强合作,逐步提高中国页岩气勘探开发的技术装备能力。

第五节　缺乏充分竞争的市场环境

1. 页岩气储运设施建设滞后

据统计,截至2013年底,我国全国新增天然气长输管道里程超过5 000 km,全国干、支线天然气管道总长度超过 6×10^4 km,而同期美国本土48个州天然气的管线长度超过50×10^4 km,中国远远落后于美国发达的天然气管网体系(图8-1、图8-2、表8-1)。中国页岩气资源富集区大多集中在中西部山区,管网及配套基础设施缺乏、建设成本高、难度大,不利于页岩气外输利用,而且中国天然气中游管网设施是集中垄断且互不开放的,天然气管网在准入和市场开放等方面存在诸多问题,如在管道

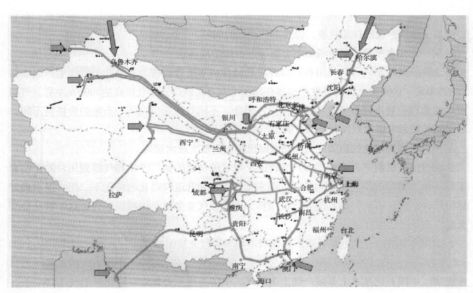

图8-1 中国天然气管输网路(赵连增,2011)

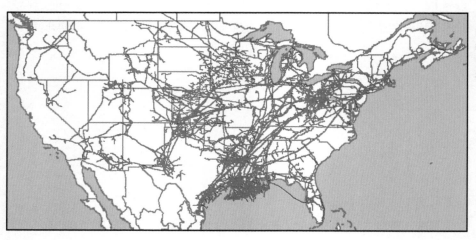

图8-2 美国天然气管输网络(据中国能源网研究中心)

表8－1　2005—2013年我国主要天然气管道建设情况(据中石油经济技术开发院,2014)

管　道	所属公司	起　点	终　点	长度/km	输气能力 ×10⁻⁸/(m³/a)	投运时间
已建长输管道						
崖港线	中海油	南海崖13－1	香港、海南	778	34	1996－06
陕京线	中石油	靖边	北京	911	33	1997－09
涩宁兰线	中石油	涩北1号	兰州	930	34	2001－09
涩宁兰复线	中石油	涩北1号	兰州	921	35.5	2009－11
忠武线	中石油	重庆忠县	武汉	1 364	70	2004－12
西气东输	中石油	新疆轮南	上海	3 836	170	2004－12
陕京二线	中石油	陕西榆林	北京	983	170	2005－07
长呼线	内蒙古天然气股份有限公司	长庆靖边	呼和浩特	286	7	2009－01
永唐秦线	中石油	河北永清	秦皇岛	320	90	2009－06
长长吉	中石油	吉林长岭	吉林石化	221	23	2009－12
川气东送线	中石化	四川普光气田	上海	1 702	120	2010－03
陕京三线	中石油	陕西榆林	北京	894	150	2010－12
西二线	中石油	新疆霍尔果斯	广州	9 242	300	2011－06
秦沈线	中石油	秦皇岛	沈阳	404	86	2011－06
江如线	中石油	江都	如东	222	100	2011－06
大沈线	中石油	大连	沈阳	423	84	2011－09
长呼复线	内蒙古天然气股份有限公司	长庆靖边	呼和浩特	518	80	2012－10
伊霍线	中石油	伊宁	霍尔果斯	64	300	2013－06
中缅线	中石油	云南瑞丽	广西贵港	1 727	100	2013－10
阜沈线	大唐国际	阜新	沈阳	125	40	2013－10
克古线	大唐国际	内蒙古克什克腾旗	北京密云古北口	359	40	2013－11
已建联络管道①						
靖榆线	中石油	靖边	榆林	113	155	2005－11
冀宁线	中石油	河北安平	江苏仪征	1 474	56.3	2006－06
淮武线	中石油	淮阳	武汉	444	22	2006－12
兰银线	中石油	兰州	银川	460	19	2007－06
中贵线	中石油	中卫	贵阳	1 613	150	2013－10

（续表）

管 道	所属公司	起 点	终 点	长度/km	输气能力 ×10⁻⁸/(m³/a)	投运时间
在建长输管道						
西三线	中石油	新疆霍尔果斯	福建福州	5 221	300	2015
长宁地区页岩气试采干线	中石油	宁201-H1 井集气站	双河集输末站	95.6	15	—

① 靖榆线连通陕京一线和二线；冀宁线连通西气东输和陕京线；淮武线连通西气东输和忠武线；兰银线连通西气东输和涩宁兰线。中贵线在中卫与西气东输一线、二线对接，在四川与川渝管网对接，在贵阳与中缅管道对接。

运营、第三方准入、管输费用和服务等方面尚未建立起市场化运作的法规政策和监管机制。目前，中国主要天然气管网设施基本上是由中石油、中石化等石油公司掌控，且各石油公司的管网设施基本上各自为政、互不开放。第三方准入的独立运营的管理机制缺失不利于天然气中游基础设施建设规模的快速扩大和有效利用，难以满足页岩气开发对管网及配套设施的需求，这必然导致三大石油公司以外的油气企业进行页岩气商业输送时受到不公平竞争的制约，进而影响整个页岩气产业的长远发展。

（1）油气管道相关法律法规立法滞后

中国在油气管网立法方面比较滞后，缺乏专门的油气管道建设、运营、监管方面的法律法规。例如，中国管道监管的法律起步晚，发展极其缓慢，直至 2010 年 6 月《石油天然气管道保护法》才提供了构建油气管道安全保护长效机制的法律基础。中国亟待启动有关法律法规的制定和完善工作，如关于管道建设征地、管道安全、环境保护等相关的法律法规尚须尽快出台，以确保管道建设工作有法可依。

（2）管道行业标准和规范体系不健全

相比于发达国家，中国的管道行业标准体系无论是技术水平还是管理水平均存在一定差距，中国在油气管道行业标准、市场资质审核、管道标准体系建设及管理体系方面的规定不够明确、具体和健全。由于国家级别的标准缺乏，导致各地方、企业不得不研究实施各自的标准，致使关系国家经济安全格局的管道建设运营存在安全隐患。在已有的标准中，由于某些范围内缺乏统一规范和监督，企业为降低成本，在建设运营过程中易出现"就低不就高"的现象。

（3）第三方准入政策亟待完善

目前，中国各大油气企业的管网设施建设基本上各自为政、互不开放，进入对方管网只能通过协商。但由于价格无法达成一致，或为了垄断市场，管道建设往往以无剩余管网输送能力或气质不合格为由，拒绝其他企业接入。由于监管薄弱，上述企业行为得不到纠正。一些页岩气资源开采后，出现了生产企业无管网可输送的问题，或者迫使开发企业自己再出资建管网，进而导致重复建设，浪费资源。在"十五"和"十一五"期间，缺乏管网以及无法顺利接入现有管网，已经成为制约煤层气开发的重要障碍。为实现页岩气规划目标的实现，中国政府必须加强监管、汲取煤层气开发教训、推动管网接入开放，以及强化第三方准入。

（4）基础设施价格机制有待完善

以储气库建设为例，中国现阶段商业储气初具雏形，但战略储气库刚刚起步，仅建成新疆呼图壁一座兼具战略储备功能的大型地下储气库。未来，中国将形成国家、天然气生产企业和城市燃气公司相结合，外资与内资、国企与民企共同参与、战略储备与商业储备兼有的天然气储备系统。由于储气主体的多元化，储气业务规范化、市场化的问题提上了日程，但目前监管体制、操作主体、制度建设等方面的工作还未落实，包括确定行业监管主体和储气库操作主体，建立储气交易市场，推动天然气相关价格改革，鼓励大用户、城市燃气企业、贸易商和金融机构参与储气市场交易，以及制定储气运输条例等多个方面。

（5）监管体系有待建立和完善

许多国家能源规划都提出了要对管网等基础设施运营实行独立核算，非歧视准入的要求，考虑到行业发展的趋势，国家能源局发布了《天然气基础设施建设与运营管理条例》和《油气管网设施公平开放监管办法（试行办法）》。但油气市场还不够完善，中国的三大国有石油企业对油气管道的垄断，阻止了油气供应业务与管道输送业务的相互分离，这在一定程度上阻碍了管道行业的监管机制发展。

此外，亟须研究非常规资源监管新机制。目前，非常规资源勘探企业大多是新进入企业，不熟悉有关法律法规以及非常规资源勘探开发规律。这些企业是通过招投标进入，监管方式也应区别"申请优先"进入。非常规资源勘探开发有特殊规律，应有相应的监管方式方法。非常规油气资源的快速发展以及随着油气勘探开发从业企业不断增多,如何加强管道等基础设施的公平服务的重要性越来越突出,如何让管道等基础设施服务于广大企业越来越紧迫,亟须研究对管道等基础设施监管的新机制以利于非常规油气资源勘探开发,鼓励公平竞争。

天然气基础设施建设还必须服从中央和地方政府土地、质量监督、环境保护、安全生产监督等专业管理部门的管理。由于没有专门的管理机构,而各个政府管理部门又都是综合管理部门,还要管理除天然气之外的其他行业,因此存在管理人员不足、管理不到位、执行力不足的问题。目前,一些在市场发达国家需要监管部门监管的内容,如管输费率、储气库建设和天然气储备等,有部分是依赖三大油气企业的自律和承担社会责任完成的。

(6)管道安全运营存在一定隐患

目前,中国的天然气管道建设处于迅速扩张期,使用天然气的人口和地域、行业也在迅速扩大,如何预防和迅速排查、发现、处置安全隐患或事故,如何在城镇化快速发展、不少管道越来越接近新建市镇的情况下,保障管道安全高效运营的问题日益突出和重要。2013 年 11 月 12 日,中国石化东黄石油管道发生重大泄漏爆炸事故。2013 年12 月 27 日,四川泸州市中心商业区发生天然气爆燃事故,造成 4 人死亡,40 人受伤。为防止安全事故的发生,除了加强管道的日常保养维护和安全管理、制定落实应急预案等外,管道企业应主动和地方政府一起加强在管道规划设计方面的合作,保证管道规划设计与城镇发展规划相匹配,避免重大人身财产安全事故的发生。下游燃气企业及广大终端用户群体也应共同承担重大的用气安全责任。只有上、中、下游共同努力,才能做到天然气全产业链的安全、平稳、高效运营。

2. 价格机制不完善影响开发收益

近年来,中国国家发改委数次上调了天然气出厂基准价格,2011 年底年天然气价改启动,涨价将使天然气应用企业成本压力不断上升。

在化工领域,中国化工用气中,低附加值的甲醇及合成氨用气占到65%以上,经济效益较差,抵御气价上升能力不足。天然气化工的发展取决于气、煤的比价关系。比价劣势使得在甲醇和合成氨的生产中,天然气化工将持续让位于煤化工。由于目前页岩气开采成本高于常规天然气,成本压力更大的页岩气不会改变中国天然气化工近年来增速放缓的趋势。与其他天然气化工企业相比,气头化肥企业所使用的天然气价格低于居民用气,供气企业本身就不愿意向这些企业供气。预计未来化肥用气的价格将上升,甚至会向居民用气的价格看齐,天然气化肥产业未来将基本丧失市场竞争力,其他本就不享受政策优惠的天然气化工将更不具备成本优势。

以页岩气开发重点地区重庆和四川为例,页岩气的开发为当地天然气化工产业发展创造了机遇,但也使之面临气价过高的困扰。2013年,重庆建峰化工累计使用页岩气 $1.19 \times 10^8 \ m^3$,并向中国石化方面预付页岩气款 2.14 亿元。预付价格是参照重庆天然气市场价格暂估的。据重庆市 2013 年 7 月公布的天然气调价信息,中国石化供重庆地区的工业用气气价,分别为存量气 1.92 元/立方米和增量气 2.78 元/立方米两档价格标准。中国石化最新披露的页岩气商用保本价为 2.78 元/立方米。最终价格在 2.68 元/立方米左右。

建峰化工这样的本地化工用户对价格的承受能力有限,最终页岩气售价需要和中国石化以及重庆市政府方面协商确定,目前尚没有结论。页岩气商用早期,由于根本没有形成市场,价格也难有市场参照。中国石化希望卖到最高门站价,但建峰化工这样的企业难以承受。

在天然气发电领域,价格机制未理顺,调峰补偿机制不健全。天然气分布式能源主要涉及油气、电力等领域,无论上游的天然气,还是下游的电力、蒸汽,价格都由政府部门核定,且存在不同利益团体的协调平衡。天然气燃料成本占燃机电厂主营业务成本 80% 以上。2005—2010 年,国家发改委先后 4 次上调发电用气价格,特别是 2013 年 7 月 10 日再度大幅上调,使天然气电厂燃料成本骤升 57%,而电价和蒸汽价格均不能及时联动调整,天然气发电企业均陷入巨亏境地,影响到安全生产投入和天然气发电产业发展。此外,电网调峰增加了设备检修、维护成本,但部分地区未充分考虑燃气机组调峰调频成本,燃气机组参与电网调峰调频未获补偿或补偿标准偏低。

从天然气行业价格来看,如果想要进入商用市场大规模地满足工业需求,页岩气并不具备竞争优势。而将页岩气资源输往更能承受高气价的东南部省市,仅仅作为资源输出,地方政府也很难接受。加之铺设远距离的输送管道耗费财力和时间,短期收回管网建设成本也很难实现。

3. 页岩气利用方式有待科学规划

页岩气开发的核心是成本控制。所谓"成本"不仅包括开采环节通过掌握技术和积累经验而带动生产成本持续下降,还包括页岩气利用环节打破传统常规天然气利用的固有思维,寻找到一个更经济、更适合当地页岩气区块特点的低成本的利用方式。

迄今为止,页岩气应用领域的发展规划尚未完善。到底是集中进入天然气输送管网进行输配利用,还是就近开展分布式利用,抑或是就地转化为 LNG、CNG 输送和利用,甚至出口等,均无前期规划和充分考虑。比如在交通用气领域,尚无天然气汽车的总量规模和加气站的建设规划、促进天然气汽车产品研发和推广使用的财税政策等,天然气汽车的信息和统计渠道也不畅通。对于天然气汽车产业,中国基本没有明确的补贴政策。离气源近的地区在价格优惠时候发展旺盛,远离气源或价格高时市场冷淡,并没有持续有效的市场机制。对于新兴的页岩气资源,缺乏明确的在交通领域应用的鼓励政策。

天然气发电无序发展问题较为突出,天然气供应与发电不协调。有关项目审批单位、天然气供应企业、电力调度机构以及燃气发电企业工作没有有效衔接,部分地区没有根据燃气供应能力和电网结构等因素统筹考虑天然气发电规模、布局和建设时序,发电、供气存在不协调现象。部分地区燃机规模不断增加,天然气供应量不足,天然气管网等配套设施缺乏。大部分城镇的市政输气管网只能满足居民用气需要,无法满足分布式电源的用气需求。

相对于传统能源和市场,制约页岩气分布式发电的主要障碍在于政策不够明朗,一些页岩气重点开发省份及其周边地区的天然气分布式能源发展规划的实施细则至今尚未出台。页岩气发电的投资补贴、销售价格等问题都未明晰,产业发展缺乏足够政策支持,这加大了页岩气投资风险,影响了该产业的发展进程。

4. 融资渠道不畅

页岩气开发的成本和经济性是其最核心的问题。页岩气由于初始产量较高,所以其前期投入能够很快收回,但是为了维持产量,需要不断建造新井,这就需要投资主体及开发主体有持续且稳定的资金投入与支持。另外,由于页岩气深埋地下数千米,不同区块甚至同一区块的埋深都会不同,而埋深增加带来的勘探开发成本呈指数级别增加,这就对页岩气开发商的持续资金实力提出了挑战。就第二轮招标结果看,对于在煤价下行、大兴水电的背景下略有盈利的中标的发电企业来说,这些投资多半还是要依靠银行贷款,还本付息的压力不小。

目前中国非常规油气开发的投融资方式非常单一,加之页岩气勘探开发的高风险性,即便实力强大的国有石油公司也很难满足如此巨额投资需求。因此,页岩气的开发利用离不开商业开放模式创新,其中最重要的是解决如何建立合适的金融制度和投融资环境,以推动产业长期发展,保证企业盈利和积极性。

第六节   管理体制与监管方面存在的问题

1. 油气立法、独立矿种的管理细则尚未进入程序

（1）油气行业尚未形成完整的法律体系

总体而言,资源法规相对健全,市场法规相对缺乏,上游法律法规相对多一些,下游基本没有。已有的下游行政法规在不少方面已与市场经济的发展不相适应。由于缺乏专门的石油法和天然气法,现行的法律法规调整的范围有一定的局限性,使得许多问题还得不到及时有效的法律调整。

立法上的不足,往往要依赖政策性文件予以弥补。但与法规相比较,政策缺乏社会透明度和稳定性,且比法律的效力低,使投资者难以确定投资预期,进而增加了投资的法律风险,这不利于加快中国油气行业的市场化进程和对外开放。

（2）现有立法重经济属性而轻环保、重行政管理而轻市场机制

国内油气行业立法大部分是因事设法,整体上缺乏协调性、前瞻性,没有考虑到油气产业上下游一体化,且由于明确的石油战略的缺失,石油天然气根本大法迟迟难以出台。石油产业当前的市场格局也在一定程度上阻碍了行业法律的推出,缺乏竞争,使得对相关法律需求的急切性降低。

2. 管理及监管机构的框架及责任分工尚待明确

（1）政府监管职能分散,没有统一的页岩气监管机构

负责页岩气发展的政府职能分散在不同的部门,各部门在管理和监管页岩气方面经常缺乏统一性、一致性。例如国土资源部在页岩气开发的市场准入、退出门槛规定中,尽管提出要加强环境保护,但没有具体的环境标准和规范。页岩气开发需消耗大

量的水资源,包括地表水资源,国家水利部也应参与水资源的分配利用管理。国土资源部的探矿权区块招标与发改委的页岩气开发示范区之间缺少充分沟通和交流。中国天然气监管体制的建立需要积极协调政府各个部门的监管政策、标准和要求。

(2) 能源管理协调机制尚待完善

能源管理协调机制在能源管理中发挥着重大作用,但是中国现行的油气管理体制中缺乏完善的能源管理协调机制。虽然2010年设立了国家能源委员会,但是对该机构的部门设置、职责权限划分并不明确,使得其在能源管理领域的协调作用尚未体现。现行的油气管理协调机制未能理顺以下几种关系: ① 与油气管理有关的各部门间的关系;② 各级政府能源管理职权上的划分关系;③ 能源管理部门与环境管理部门间的关系;④ 地方能源管理与中央能源管理间的关系。

(3) 监管队伍力量较为薄弱

中国目前没有专门的页岩气监管机构,相应的专业监管人员也比较缺乏。页岩气的开发在中国是一个新的产业,在开发中碰到的各种新问题所积累的经验和教训严重不足。面对将来每年钻井上万口的发展规模,监管的能力几乎为零。

3. 矿权管理及监管

(1) 如何完善招标制度实现公平竞争是首要解决的问题

中国常规油气资源矿权在管理方式上主要采取“授予制”,油气矿权授予方式为申请登记、行政审批,即由国务院规定的主管部门直接将油气资源的探矿权和采矿权授予有资格从事石油资源勘查和开采的市场主体。目前,中国政府通过招标方式出让页岩气探矿权和采矿权,以利于引入更多市场主体参与页岩气勘探开发的“有序放开”。

但是,国土部组织的前两轮页岩气探矿权邀标和招标(采取保密评标办法,主要是由国土资源部组织专家对投标人的勘查实施方案进行评议、打分,最后确定中标人的方式)的社会反响并不十分好,且上述邀标和招标带有矿权无偿转让的性质,如果组织不当,必然带来不公。如何更好地解决好招标出让页岩气就成为当前普遍关注的首要问题。

(2) 如何完善矿权退出机制以获取区块供招标是关键问题

获得合法的矿权区块是进行资源勘探开发的前提,此问题不解决,一切资源的开发便无从谈起。按照中国现行法规规定,油气属特殊资源,必须实行国家一级管理,即只有国务院直属的部门(国土资源部)才有准予登记的权力。但法规也同时给予该部门对勘探开发全过程的监管权,要求获得矿权单位按时报告其进展并对不能完成登记约定工作量的单位缩减其区块面积直至要求退出该区块。但遗憾的是中国油气矿权改革不到位使这些法规未能得到有效的执行与落实,致使区块登记管理工作形成"死水一潭"的局面,阻碍了油气产业的发展。

目前,中国页岩气的77%分布在国有石油公司已登记矿权的常规油气区块中,但目前这些公司开发页岩气投入却很有限。必须指出的是,中国国有石油公司已登记的常规油气区块长期没有受到应有的监管,相当多的区块未达到国家《矿产资源法》等规定的最低工作量,早应依法退出区块,即便是仅从促进常规油气发展的角度来看,也应当严格落实油气矿权的"准入-退出"规定。更何况,十多年来中国油气勘探开发的探矿权和采矿权收费标准过低,已经不能体现矿产的真实价值,且对勘探开发的最低勘查投入标准没有考虑到物价和通货膨胀等因素,仍然沿用老的标准体系,使得国有石油公司已登记的常规油气矿权得以占据大量区块,这也是目前页岩气招标区块仅限于条件并不理想的少数区块进行的直接原因。

目前,国土资源部组织开展的页岩气探矿权招标主要是在已登记常规油气矿权以外的空白区块(主要分布在已知的含油气盆地的边缘)进行,但是空白区块的面积极为有限,且空白区块的基础条件,如地理位置、资源环境等相对常规油气区块也可能较差,难以在起步阶段建立起投资者的信心,显然,这将严重妨碍页岩气的起步和顺利发展。页岩气勘探开发初期阶段,要快速实现促进页岩气勘探开发,就必须拿出资源基础较好的区块进行招标。如何让国有石油公司退出不合规或投入不达标的常规油气区块以供页岩气招标就成为推进页岩气产业快速启动及发展的关键核心问题,这也是当前中国页岩气产业发展面临的主要挑战。如果矿业权问题不能得到解决,单靠目前石油企业手中开展工作的区块、第一轮招标的重庆南川区块和重庆秀山区块,加上第二轮招标的19个页岩气区块面积约$2 \times 10^4 \ m^2$,中国页岩气区块工作总面积只有约$5 \times 10^4 \ m^2$,难以实现规划目标。

(3)如何完善监管体系至关重要

长期以来,在政企不分、以企代政的管理体制下,中国既没有对油气勘探开发监管的完整法律、规章,也没有独立的监管机构。在名义上,对中国油气勘探开发有监管权的国土资源部和能源局等也因其内部有限的编制致使其难以组成专门的人员或队伍来履行油气矿权监管职责,从而造成油气监管权难以落实。

同时,在环境保护方面,今天的环境问题已成为影响可持续发展的重要因素,中国现有的环境监管单位既缺乏有关油气的相应法规依据,又缺少懂专业知识的人才,特别是新兴而又动辄打成百上千口井的页岩气环境监管。

上述有关页岩气勘探开发的相关监管职能及职责的缺位不得不使人既担心页岩气难以快速发展起来,又担心大规模开发页岩气后可能造成的环境污染问题。在当前中国改革进入深水期、政府职能转变进入关键时期,这对于完善页岩气勘探开发的监管体系建设将是一个有利的时机,也可以借助页岩气和整个油气监管框架及监管体系的完善来进一步推动中国改革的深化。

(4)如何完善地质资料的上交及使用机制面临困难

目前,中国矿产资源勘探开发的地质资料上交及使用机制还很不完善,尤其是在资源垄断性强的油气地质资料方面表现得尤为突出。中国油气地质资料主要集中在中石油、中石化、延长石油等国有石油公司手中,且这几家公司的地质资料也是互相保密的,没有做到地质资料上交国家或国内共享的双赢局面。

对于页岩气勘探开发而言,地质资料上交及使用机制的不完备势必造成各单位在地质勘查阶段的重复性工作投入和研究,影响页岩气勘探开发的效率和效果。如果说这对大型油气企业还仅仅是浪费投资的话,那么对新进入页岩油气勘探的非油气企业和大批中小型新公司而言,将直接影响其页岩气探矿权有效期内的勘查效果以及能否继续拥有区块的探矿权,这将成为继页岩气区块矿权之后的第二个致命性关卡。事实上,如果地质资料上交及使用机制不完善,新进入页岩气勘探开发的非油气企业也将不会上交或共享地质资料。据调查,目前已有中标企业明确表示,如果国有石油公司占有的资源条件好的油气区块不退出来,其将不公开页岩气探矿权有效期内的全部地质基础资料,这种情况势必形成恶性循环,从而不利于打开中国页岩气勘探开发的整体局面。

可见,地质资料上交及使用机制这个影响中国地质(特别是石油地质)行业几十年的老大难问题,在页岩气领域已经到了亟待解决的时候,如何实现和完善页岩气地质资料的上交、使用机制已成为页岩气勘探开发面临的重大挑战之一。

（5）健全页岩气矿权二级转让市场面临挑战

国际市场上，西方发达国家油气资源矿权二级转让市场比较成熟，油气矿权所有人在完成几年油气勘查投入后会按照合同约定逐年逐步退出部分油气区块，实现油气矿权在不同矿权人之间的接替、流转。

按照中国有关规定，企业所取得的矿权可以在二级市场上转让，但必须经过国土资源部审批同意。但此项法规亦未被遵守，各石油公司未经审批即将部分油气区块私相转授，此中存在不少违规违法行为。

针对页岩气矿权转让，目前国土资源部拟完善页岩气矿权二级转让市场，要求页岩气矿权转让必须经过国土资源部审批同意，且必须遵照一定的转让规则进行流转。其规则是，原则上页岩气探矿权在三年合同期内不得转让；合同期内确实需要转让探矿权的，必须到国土资源部进行备案，且受让人须满足页岩气探矿权投标人资格条件，并按照原中标合同的承诺完成勘查投入，并履行原中标合同中约定的其他事项。

第九章

页岩气产业化发展
的中国路径

第一节　　以页岩气重点资源区域开发为开端与示范

1. 在页岩气领域开展油气改革和制度创新的意义

尽管政府和开采企业已开展了很多工作,页岩气勘探和开发取得了一定进展,但中国页岩气发展仍面临诸多难点。矿权、技术、环境、市场化和管理体制等不同维度的问题交织在一起,影响了中国页岩气持续健康发展。例如,在页岩气开发过程中涉及水资源利用问题,需要水利部门的配合;涉及环保和土地占用问题,需要环保部门监督和国土部门审批;涉及输气管线及第三方准入等问题,则更需要多个部门协调。但实际上,中国现行的油气管理体制中缺乏明确完善的能源管理协调机制,尚未真正建立起合作协调机构或会议制度等来协调各方利益,因此极易出现矛盾和分歧,进而影响部门合作和工作效率。

现有体制机制缺乏顶层设计、统筹协调和有效组织,这是当前我国页岩气产业发展最大的瓶颈。页岩气从勘查开发到利用,再到规模化形成产业,涉及面非常广。我国页岩气主体较多,政府层面涉及多个国家部委和地方政府,形成了"九龙治水"的格局,而且长期形成的政府和三大油的地位关系,也弱化了政府部门调控行业结构的主导权,即使政府有关部门有权调控,也不一定能调整成功。此外,还有国家科研机构和相关部委的研究机构及石油、地质类大学,在企业层面有各类企业和投资主体。虽然各个部门和主体都很积极,但目前都是各自为战,缺少有效的统筹协调,尚未形成全国性的页岩气发展思路、目标以及具体的工作方案等,这很不利于我国页岩气产业健康有序和跨越式发展。这些总的说来就是缺乏顶层设计,因此亟须将页岩气投资开发的相关体制机制建立起来。

针对这些深层次问题,只依靠某一个或几个主管部门在其有限的职责范围内出台政策和举措来解决是远远不够的,更需要上升到国家战略层面统筹考虑,提出一个符合我国页岩气发展的总体方案,以及包括页岩气产业发展的主体、方向、路径、阶段和配套政策等在内的一系列制度体系。只有这样,今后的页岩气发展才能转化成一个在国家层面上综合性多方面推动的进程。总之,页岩气存在的问题必须上升到国家战略层面统筹解决。

2. 现有页岩气示范区存在的问题

由于缺少顶层设计,页岩气示范区缺乏统筹也是管理体制混乱的问题之一。目前中国页岩气争相挂牌示范区,然而却极其分散、示范效应低,能否起到示范作用还存在很大的疑问。其中国土资源部和财政部设立的矿产资源综合利用项目示范就有两个,包括依托中石化集团的贵州黄平项目以及依托陕西延长油田的陕西延安项目。国家能源局设立了四个国家级页岩气示范区,分别是中石油在四川长宁-威远、昭通的两个页岩气示范区,中石化在重庆涪陵的页岩气示范区,延长石油在陕西延安的页岩气示范区。目前各省也试图设立自己的页岩气示范区。

因此,为顺利推进页岩气开发,建议仿照深圳特区、上海自贸区,考虑选择一些有特点的省市(如贵州、四川、重庆等进展较好的)建设国家级页岩气勘探开发及应用的综合示范区,给予更多的政策自由空间,创新开发、经营和管理模式。探索页岩气开发综合改革,先行先试,将页岩气开发作为我国油气改革的突破口和抓手,并提出更完善、更具操作性的方案供"顶层设计"参考和抉择,进而探索出一条适合我国国情并吸纳国外成功经验的页岩气开发之路。

建议中央部门负责设立示范区,把握顶层设计的方向,但地方政府同样要参与其中,使地方政府能够从中获益。同时,示范区的试点内容既可以是多种方案的比较,也可以是针对地质、规划、经济和环境的不同类型提出不同的对策。

国家部门之间协调机制的建立、中央与地方的角色分配、区块的准入及退出机制、矿权流转、与国有石油公司开展合作的民营石油公司的地位、中外企业合作模式、十八届三中全会所倡导的发展混合所有制经济等课题都可以放在政策综合示范区内进行试验,取得的好的经验未来可以推广到其他地区的页岩气开发中,并为全国油气改革方向提供借鉴的样本。

3. 组织和实施国家级页岩气示范区的原则

(1) 必须有国家统一领导

综合示范区所针对的目标形成推动中国油气发展的体制和政策。它涉及的部门和环节甚多,有不同的利益集团需要协调。因而必须有国家层面高屋建瓴地统一领导。建议由国务院的能源委员会出面组织、由发改委具体负责、形成领导小组,国家赋予其在这个特定领域先行先试的权力。这样就可直接体现国家对体制改革的顶层设计思路,可及时向中央汇报请示。

(2) 要有中央地方主管部门和不同类型的企业参加

页岩气产业链涉及财税、商务、科技、环保等诸多部门,也涉及国家石油公司和众多非传统油气企业,必须发挥这些主体的不同作用。因而要有各类企业的代表参加,也可吸收各类研究机构和智库参与。经济改革要发挥中央和地方两个积极性,资源开发利用有明显的地域色彩和地方利益,因此更要有实验区的地方政府代表参与。

4. 国家级页岩气示范区的试验内容

示范区内容力求广泛、综合考虑,并鼓励多元解决方案并存,先行先试、综合试验。例如,① 在示范区选址方面,需综合考虑资源、地质、水源、负荷及应用基础等诸多因素,先期可多选取几个具有典型代表的区域,结合地方经济及区域特征并行开展。② 在资源评价与技术攻关方面,一方面加强自有技术研发、攻关及创新,另一方面鼓励引进、消化、吸收国外先进技术,培育专业化技术服务公司,力争实现技术反超、再主导。③ 在地质资料上交及使用方面,尝试搭建国家页岩气地质资料数据库与信息共享公共服务平台。④ 在矿权管理方面,修正最低勘探投入标准,严格执法,强制要求国有石油公司退出不达标的常规油气区块;建立矿权市场转让机制,鼓励多元融资,但禁止私自买卖矿业权。⑤ 在监管模式方面,建议采取"多级多元监管"模式,并开展全过程监管,其中中央能源管理机构侧重国家大政方针贯彻落实的监管,地方能源机构如国土资源厅、环保厅、地震局、发改委及能源局等负责具体事务监管,如具体到对每一口油气井的监管;同时,要加大公众公共监督力度,鼓励第三方独立机构监管。⑥ 在环境保护及监管方面,重视整体规划和规划环评,并切实开展分级环评,将环境污染风险降到最低;同时,可以考虑引入监理机制,引导市场自发成立独立监理机构,全程监理页岩气产业链。⑦ 在页岩气市场应用模式方面,尝试放开区域及省级管网市场,推进第三方公平准入,鼓励集中式入管网与分布式能源等多种应用方式,包括就地发电、LNG、CNG 和天然气化工等,将页岩气开发与促进地方经济发展,尤其是解决山区、农村能源供应体系切实结合起来,实现资源综合利用。在开发区中进一步开放市场,鼓励各种所有制企业参与开发和竞争,培育市场化的"鲶鱼效应",对控制大量优质资源的中石油、中石化形成竞争压力,促使他们在优质区块内加大勘探开发力度,鼓励他们通过"混合所有制"吸收更多的非油气业务央企、地方国企、民营企业参与开发投资。在技术作业服务上形成全面竞争,完善市场化配套机制,并逐步推进开发总体投资力度。

5. 建立开发主体的二元结构

业界对中国的页岩气之路逐步形成两条思路。一是创造条件,仿照美国,吸引众多中小公司参与。二是在条件尚不够充分时仍要开始快速起步,立足中国实际,充分发挥目前作为油气主力军的国家石油公司作用,同时大力推行混合所有制经济,吸引越来越多的中小型公司进入油气领域。笔者认为,两条思路应兼顾。

(1)主要依靠国有石油公司力量

任何国家的勘探开发都要有获得其合法的立足区块这一前提性条件。美国方便灵活的区块矿权市场化操作正是促进其页岩油气发展的重要条件之一。但中国的情况却不同,中国矿权区块的获得必须向所有者——国家管理部门申请,依照有关法规申请人必须承诺一定的最低工作量,届时不能完成承诺者须部分或全部退出此区块。过去针对常规油气的申请只限于中石油、中石化、中海油和延长石油四大石油公司,造成了常规油气赋存的沉积盆地几乎全被这些公司登记的区块全覆盖。虽然有完不成工作量退出区块的规定,但从实际执行效果看,退出机制并没有得到认真落实,公司对区块只占不退、占而不勘不采的情况普遍存在。因此,以172个新矿种进行区块招标的页岩气只能在尚未被登记的沉积盆地边角处开始实施,其中相当多的供招标区块位于多省交界的中-高山区,不仅地质条件不理想从而降低了其勘探成功率,而且地表施工和供水等条件较差从而也增加了勘探开发成本。这正是导致第一批招标4个区块中的两个区块、第二次招标90多个公司竞争20个区块时仍有1个区块沦为"流标"的重要原因。中标的企业也因为资源和技术等因素导致实际工作进展缓慢。

因此,首先应在容易成功(开采低成本高收益)的地方"突破",而具备这类条件的只能是占有大量优良区块的国家石油公司。

除区块因素外,相比于中小企业和非传统油气企业,国家石油公司在致密油气勘探开发整体上已达到国际先进水平,已形成了初步配套的水平井、压裂、储层预测的技术系列,因此在页岩气开采方面已具备一定技术基础和优势。中石化在涪陵地区的突破也印证了这一点。显然,上述技术优势是新成立的中小石油公司所难以比拟的,他们能享受到平等的优质技术服务,尚需石油市场更加开放,中小服务公司成批涌现和走向成熟,而这些都需要一段时间。

从中国整体看,在页岩油气的起步阶段特别需要经历摸着石头过河的探索、需要对中国特殊地质条件下页岩油气赋存特点及适用的技术工艺的认识过程,这个过程中可能有曲折,需要相当大的投资和一段时间。从中国的实际情况出发这个工作的大部分应由掌握着区块和技术、有着对地质情况规律性认识而又有雄厚资金的国家石油公司承担。从其国有资产控股的性质上说,这也是其当仁不让的义务。

(2)允许不同类型的多种主体进入

推进页岩气资源勘探开发,应当突破传统油气开发模式,对新矿种实行新体制。在页岩气开发的制度安排上,应当进一步大胆探索。譬如,可以考虑实行市场配置、多元投入、合理分配、开放创新的原则,实施各种鼓励政策,调动各方面积极性,提高页岩气对我国能源供应的保障能力。同时,也可以为推进油页岩、油砂、天然气水合物等油气资源开发探索一条新路。结合国外的经验和中国实际,可以对未来页岩气的开发体制作一些大胆设想。

① 运用市场机制配置页岩气矿业权。所有页岩气矿业权都应当通过公开招标出让,出价高者获得矿业权。由于页岩气是新矿种,对于页岩气与已登记常规石油天然气重叠的区域,国家也应设置新的页岩气矿业权,各类企业通过平等竞争获得。同时,进一步解放思想,允许国外企业参与页岩气矿业权投标和勘查开发。

② 进一步放宽市场准入。页岩气分布面积广、埋藏浅,地表条件很适合中小企业进行分散式开发,国家应鼓励中小企业和民营资本参与页岩气开发。放宽页岩气的市场准入,投标单位不仅限于已有的油气开发企业,不宜设置过高的资质要求,要向各种所有制企业开放,为资本市场的参与留出空间。适时进行天然气管网改革,建立单独的天然气管网公司,专门从事天然气的运营业务,并组建专门的监管机构进行监管。管网实行"网运分开",接入和建设向有资质的所有用户开放。

③ 合理分配收益。为了保证国家作为资源所有者的权益,可以借鉴国外的做法,在页岩气开发中进行权利金制度试点,将矿产资源补偿费、矿区使用费、资源税合并为权利金。权利金分为两个部分,分别反映矿产资源的绝对地租和级差地租。反映绝对地租的部分,可按照产值或产量进行征收,并实行比例费率;反映级差地租的部分实行从价计征、滑动比例和累进费率。

④ 鼓励页岩气技术开放创新。页岩气的核心技术大多掌握在国外专业公司手中,我国在实施好国家页岩气重大专项的同时,应当鼓励企业引进消化吸收再创新。国家可以用优惠政策鼓励页岩气开发企业与国外技术原创方加强合作,在保护知识产权的基础上,鼓励国内企业以合资、参股和并购的方式与国外专业技术公司合作。此外,对页岩气技术研发应给予财政补贴;对页岩气勘开采等鼓励类项目下进口的国内不能生产的自用设备(包括随设备进口的技术),按有关规定免征关税。

第二节　　鼓励研发与技术创新降低开发成本

1. 实施全面的页岩气地质资源战略评估

要在全国范围内对中国页岩气资源潜力进行滚动式总体评价,查明中国页岩气资源分布,优选页岩气富集有利区,摸清中国页岩气资源"家底"。通过调查全面掌握中国富有机质泥页岩发育特点和分布特征,优选页岩气富集远景区,为推动中国页岩气勘探开发、制定页岩气中长期开发利用规划和宏观决策提供依据。

2. 加快页岩气技术研发突破和专业技术人员培养

中国油气勘探开发和下游利用的技术及装备在页岩气领域的实践尚处于起步阶段,部分核心技术尚待进行重大科技攻关和试验或通过国际合作和自主创新实现突破。必须加大科技投入,促进科技创新,组织全国优势科技力量,大力开展页岩气勘探开发和下游利用核心技术的攻关研究。

对于页岩气开发,中国的地质和环境条件比美国更具挑战性。为了开发这些资源,政府应加大科技投入,设立专项计划,支持页岩气开发体系建设。中国也应发展一些在美国页岩气开发过程中,极大提升水平钻井和多级压裂产量的技术,如现场微地震测量和分析技术等。

在储运基础设施方面,中国长输管道的整体技术水平同国际水平之间的差距还很大。国外管道公司生产自动化水平很高,自动化管理系统(Supervisory Control And Date Acquisition,SCADA)和地理信息系统(Geographic Information System,GIS)的应用比较普遍,管道运行参数、泄漏检测等都实现了自动控制。中国管道运输企业必须紧密结合生产经营实际,突出重点,集中攻克一批涉及提高管道运营效益、降低能耗、保证管道安全等关键性的技术难题。

中国页岩气产业的发展要靠人才,企业间的竞争归根结底是人才的竞争。页岩气开发和利用企业要树立竞争意识,不仅要在国内市场参与竞争,还要走向国际市场参与竞争,这就需要企业既要建立起面对中国市场的人才梯队,又要建立起面向全球市场的国际化人才梯队。不仅需要一批懂专业技术、会管理的专家队伍,而且还需要培养一批通晓法律、国际贸易规则和外语的复合型人才,形成一个专业齐全、相对稳定的人才支持系统。"十三五"期间,中国必须做好人才培育,以满足页岩气开发和利用产业迅速发展的需求。

第三节　健全法律法规和管理体制机制

1. 建立完备的油气监管法律体系

能源监管法律法规健全,对能源实行依法监管是国外能源管理的一大特点。在这方面,中国还存在许多问题,相关的法律法规很不完善,能源监管的法律基础十分薄弱,造成政府部门管理无法可依、无章可循,企业的主体地位难以完全确立,消费者权益得不到切实保障。因此,加强能源监管方面的立法就成为当前十分紧迫的任务。建议逐步建立和完善以能源法为核心,基本法、单行法、行政法规、规章、实施条例、实施细则等相互衔接、相互配套的完备的能源监管法律体系,使能源管理和能源监管有法可依、有章可循。

2. 政监分立,建立独立、统一的能源监管机构

能源管理机构主要制定和实施国家能源战略、中长期能源发展规划、年度发展计划及能源政策,统筹协调跨部门的关系和不同能源种类的发展;能源监管机构主要监督国家能源规划和政策的实施,主要针对各能源行业实行市场准入、价格、市场行为、服务质量、环境保护等方面专业性的独立监管。中国推进能源市场改革的一项重要内

容就是将政府政策制定和监管职能分离开来,由统一的监管机构对能源活动和服务进行监管。因此,中国应考虑设立高级别的国家能源主管部门,负责能源大政方针及与能源相关政策的研究和制定;并同时考虑设立高级别的、地位相对独立的能源监管机构,由其对具有垄断特征和安全问题较突出的能源行业和部门依法实行独立、科学的专业化监管。

就监管机构而言,由于目前各个相关的政府部门在政策法规上有自己管辖的权限,因此一部分监管可允许继续由某些部委实施,例如环境标准、规范和法规的制定,土地利用以及探矿权、开发权的授予等。尽管有的国家实施的也是分散的政府监管,但是他们有统一的监管队伍对每一口井进行全面和全过程监管,相关环境法律框架完善和执行力度也很强。根据中国监管力量弱以及环境法律执行和实施力度不强的状况,应该首先建立一个独立、统一的能源监管机构。现实中可采用的办法是,中央采取垂直设置的方式,组建集中统一的综合性能源监管委员会,同时组建中央、地方两级专业化的能源监管机构,依法对能源行业实行独立监管、依法监管。

3. 建立和完善能源监管协调机制

我国的页岩气开发是"七龙治水",国土部、财政部、发展改革委、能源局、商务部、科技部、环保部都在其中。七个部委都很有积极性,但缺乏统筹和协调。应加强页岩气开发的组织协调,可考虑出台综合性工作方案,确定牵头部门和参与部门,建立页岩气发展的部际协调机制,加强对页岩气开发工作的组织领导。

在实践步骤上,首先要科学地划分监管权力,在不同的监管部门之间合理分配监管权力。其次,要加强不同监管机构之间的分工协作,注意能源领域上下游监管的协调,特别是要加强能源产业的经济性监管同社会性监管的协调,提高监管效率。再次,要建立多层次、全方位的协作机制,如建立一些合作协调机构和会议制度等,来协调各方的利益,解决可能会出现的矛盾和冲突。最后,要以不同门类能源的共性为基础,以不同门类能源之间的相互关系为协调的纽带,利用一体化的综合管理运行机制对不同门类的能源实行统一管理,以提高效率、降低成本。

4. 改进政府管理能源的方式

中国页岩气的综合管理模式应当将页岩气资源的开发利用与市场化紧密结合起来,建立科学合理的竞价机制,减少垄断,逐步放宽外资和民营资本参与竞争性业务。

同时要充分考虑环境规划,作好环保评估。此外,还需要优化能源产业结构、打破行业界限、促进能源产业融合、提高能源利用效率、减少能源浪费,如应继续减少政府的行政审批,国家只审批关系到经济安全、影响环境资源、涉及整体布局的重大项目和政府投资项目及限制类项目。可把项目审批制改为项目核准制,实现管制功能的转型,建立公开、透明、可预见的决策程序,建立和完善相关的法律、法规,用法律规范约束各类企业的竞争和交易行为,规范和约束政府及监管机构的管理行为。

5. 形成公开透明的页岩气管理体系

美国以州为主的监管体制和恪守公开透明的原则,保证了对页岩气的有效监管。这是因为页岩气开发关乎地方和当地居民的切身利益,他们最有动力监督勘探开发全过程。中国页岩气开发应保证居民和企业能便捷准确地了解国家有关页岩气开采的政策、法规、制度以及矿权招标、开采许可、开发合同、环境评估等涉及公众利益的重大信息。对公众关切的一些重大问题政府应及时回应,保证开发地区民众的合法权益。出台有关法规时,政府应通过举行听证会、向社会征求意见等方式,鼓励公众广泛参与,以确保页岩气开发活动建立在公众广泛接受和环境承载能力可承受的基础之上,防止因资源开发而引发大量的社会矛盾和群体性事件。

6. 尽快制定、完善产业政策实施细则

2014 年初以来,为了促进中国油气产业的发展,国家出台了一系列政策,这对于促进中国页岩气的开发和利用意义重大,但一些政策措施往往缺乏实施细则。必须尽快制定相关细则,使国家政策具有可操作性、落到实处。

7. 寻找合理灵活的页岩气对外合作模式

根据《对外合作开采陆上石油资源条例》(1982 年)和《对外合作开采海洋石油资源条例》(1993 年),中石油、中石化享有对外合作开采陆上石油资源的专营权,中海油享有对外合作开采海上石油资源的专营权。合同形式以我国过去惯用的产品分成合同(Production Sharing Contract,PSC)为主。因此在页岩气对外合作领域,从目前的情况看,仍沿用了这一合作模式。如 2012 年 3 月,中石油与壳牌中国签署了一份分成合同,双方将在中国四川盆地的富顺-永川区块进行页岩气勘探、开发与生产。

建议从目前单一的产品分成合同扩大到技术服务、矿税制、回购及联合经营等多种与国际接轨的合同形式。

8. 为不同政府部门设计具体的针对性更强的政策

国家发改委、能源局主要负责常规和非常规天然气规划制定,颁布促进和约束常规和非常规天然气的政策和激励措施。

国家发改委价格司负责价格监管,制定常规和非常规天然气在生产、流通和消费的各个环节中的价格制定。除此之外,国家发改委环资司和气候司负责制定节能和应对气候变化的国家战略和行动方案。

国土资源部负责常规和非常规天然气的资源管理和探矿权及开采权的发放。国土资源部还负责页岩气开发的土地利用。国土资源部在2011年底将页岩气作为独立矿种实施管理,并制定市场进入、退出门槛及条件,对探矿区块进行招标。国家环保部制定页岩气开发的环境监管标准、规范和政策。

环保部根据《空气法》《水法》以及《环境保护法》等法律法规,对违反这些环境标准者给予重罚。

财政部和国家税务总局负责制定页岩气开发利用的税收和收费标准等。

(1)能源局相关政策建议

① 加快建设我国页岩气全产业链标准体系。能源局已经成立页岩气标准化技术委员会,其主要职责是负责能源行业页岩气标准的归口管理,研究建立页岩气全产业链标准体系,开展页岩气通用及基础标准研制等相关标准化工作,其提出的近期工作目标是,通过3~5年努力,基本建成我国页岩气全产业链标准体系。另一方面,由国土资源部页岩气勘探开采新技术规范已经编写完成,该技术规范将作为新的行业标准被推出。页岩气勘探开采新技术规范内容主要是,制定页岩气资源储量计算与评价技术要求、地质调查评价、地震勘探、钻完井(测井、储层改造)实施测试、综合编图等8大类22项技术规程。因此,在页岩气技术标准体系建设方面,能源局和国土资源部应加强信息共享与合作,协调各自的分工。

② 探索建立监管队伍的具体方法。在现有的公务员管理体制下,重新组建庞大的监管队伍不切实际,因此在监管队伍的建设方面,有以下方法可供借鉴:第一,利用原电监会在地方上的人员配备,赋予其页岩气领域的监管职能;第二,国家能源局可以委托油气行业现有的监理公司从事监管工作;第三,发挥非政府组织(Non-Government Organizations,NGO)的作用,促进有效监管。无论采用哪种方式,能源局应承担统一管

理职能。

（2）财政部相关政策建议

① 做好当前页岩气补贴政策的落实工作。根据《关于出台页岩气开发利用补贴政策的通知》，中央财政对页岩气开采企业给予补贴，2012—2015 年的补贴标准为 0.4 元/立方米，补贴标准将根据页岩气产业发展情况予以调整。在申请补贴方面，四川省财政厅、四川省能源局已经于 2013 年 11 月向能源局上报《关于申请页岩气开发利用补贴资金的请示》，申请 2012 年度威 201、威 201－H1、威 201－H3 及宁 201－H1 四口井页岩气开发利用国家财政补贴资金 408 万元。财政部要协同有关部门做好相关补贴的发放工作，避免发生补贴发放不及时而导致开发企业积极性受挫的情况。

② 研讨未来补贴政策的调整方向。由于页岩气钻井数量不足，我国页岩气资源储量等信息尚不明确。第二轮页岩气探矿权招标中不足的一点便是招标区块缺乏相关的地质数据信息，这加大了企业的投资风险、降低了企业的投资开发意愿。如果仅根据产量进行补贴，一些缺乏经验的投资主体仍然对开发风险望而却步，最终拿到补贴的也将主要为传统的国有石油公司。另外，我国页岩气开发技术依然落后，而且我国复杂的地质构造不能简单复制国外的开采经验，这都需要政府给予支持，尽早建立适合我国地质情况的技术开发体系。

③ 美国政府对页岩气开发的早期资助也是集中在资源量评估和技术两个方面。如 1976—1992 年，美国能源部共出资 9 200 万美元，委托各学术研究机构以及众多业界公司，在美国东北部的宾州、纽约州周边开展了"页岩气东部工程"。其目的主要有两个，确定东部盆地页岩气储层地质构造、成藏条件并准确评估页岩气储量及可采资源量；发展并推广页岩气开采若干环节的关键核心技术，使其有效应用于商业领域。

因此，我国财政部可以同能源局、国土资源部、科技部等部门合作，将支持政策向全国页岩气资源量评估和技术升级等方面进行倾斜，这将有助于吸引更多的投资主体进入页岩气开发领域。

（3）国土资源部相关政策建议

完善招标制度、探索"有偿出让"机制。国土部前两轮已经组织的页岩气探矿权邀标和招标的社会反响并不好，且上述邀标和招标带有矿权无偿转让的性质。另外由于中小企业勘探风险较高，国土资源部可以与财政部对接，由政府对区块进行初步地震、钻井等勘探工作,在区块资料充足后,再由区块中标企业将政府前期投入资金偿还,从而启用区块"有偿出让"机制。

以混合所有制形式作为区块退出机制的突破口。国土资源部组织先前开展的页岩气探矿权招标主要是在已登记常规油气矿权以外的空白区块(主要分布在已知的含油气盆地的边缘)进行,但是这些区块的地理位置、资源环境等相对常规油气区块也较差。目前国内的油气资源禀赋较好的区块主要为中石油享有。虽然业界对于矿权退出机制呼声强烈,而且国土部公布的《关于加强页岩气资源勘查开采和监督管理有关工作的通知》已经就退出机制有所说明,但现实操作难度很大。对于大型油气企业占有但开发意愿不强的区块,可以引入十八届三中全会所倡导的混合所有制形式(包括引入民营资本、外资以及非油气领域的国有资本等)进行开发,这样一方面可以减少原有企业对矿权退出的阻力,另一方面将培育一批新的油气企业,从而加快页岩气行业乃至油气行业的市场化发展。

(4)环保部相关政策建议

环保部应抓紧制定完善环境影响评价制度,要明确页岩气开发有关水资源利用、空气、土地使用、废水处理、植被恢复等环境标准,有的可借鉴或沿用常规油气的标准,一些行业标准可上升为国家标准,尚无标准的,应在实践中总结经验,及时研究制定。同时要跟踪开发活动,实施环评和监管。具体可以从以下几方面着手。

① 完善环境影响评价制度。国家及地方环保部门和企业要以不影响当地水资源平衡、尽量减少植被破坏和耕地使用等为原则,将页岩气资源的勘探开发与区域水资源规划和环境影响评价相结合,综合评估开发的可行性,从源头上控制页岩气资源开发中潜在的生态破坏和环境污染。建议有关部门按照《环评法》要求,组织开展《页岩气发展规划(2016—2020年)》环评工作,从环境保护角度区分资源类别,对照全国主体功能区划、环境敏感区等相关环保要求,对不适宜开发的区域进行识别,从资源环境效率、生态环境承载力及环境风险水平等多方面优化页岩气开发规划和时序。同时,加速推动重点和试点区块的环境影响评价工作,在大尺度范围内优化页岩气开发的环境影响,做好对敏感目标的避让和保护措施。

② 加强环境监测与信息公开。页岩气运营全过程均需要监督和公开。在运营之前、期间以及之后,都要建立合适的参考点进行持续的监督,建议在任何页岩气活动开

始之前都要进行广泛的基础调查。所收集的信息应公开给所有的利益相关方,包括一般公众。公众可以就其在页岩气勘探开发过程中所受到的各类可能危害,如空气质量差、噪声、烟尘、呼吸系统疾病及重大疾病隐患等各方面问题通过有效的途径进行申诉,必须建立起一套申诉处理机制,使这类问题有解决的途径;建议前瞻性的健康研究要与页岩气开采的发展同步进行,包括原有疾病的监控和环境监测。使公众获得知情权,鼓励所有公众对页岩气勘探开发过程进行监督,参与到环境问题的发现和解决过程中。

③ 加强国际合作与交流。应借鉴国际上的成熟经验,建立环保管理体系,做好分区域、全过程环境保护监管。应加强国际合作,收集美国、加拿大等国家的污染防治技术等资料,借鉴其环境管理经验,结合我国资源环境特点,科学合理地制定环境管理规定及技术规范。

（5）科技部相关政策建议

争取国家财政对页岩气技术攻关的支持。我国页岩气勘探开发技术与美国相比差距较大,尚未形成成熟的水平井钻完井和压裂增产技术体系,页岩油气资源评价、地质选取和经济评价等技术也有待在引进吸收国外先进技术的基础上,通过国家科技重大专项等支持,开展联合攻关,形成适用于我国地质条件的页岩气勘探开发核心技术,并加大投入开展页岩气基础地质研究,掌握我国页岩气分布规律和作用机理。

第四节　　创新页岩气矿权管理及监管框架

为了促进中国页岩气勘探开发,建议从以下 5 个方面完善及健全中国页岩气矿权管理与监管,以及页岩气勘探开发管理体制。

1. 实行市场公开竞价有偿取得的矿权管理制度

市场竞价是保障国家作为矿权所有人的根本利益,维护公平竞争最有效的手段,也是国际通行的做法。比如美国联邦和州政府就规定所有的油气区块必须进行公开的市场招标,出价高者中标。中标者还要与政府签订合同,合同内容要向社会公开,政府和公众都可以进行监督。

目前,中国页岩气上游勘探开发鼓励投资主体多元化,引导非油气企业及民营企业参与页岩气探矿权竞标。为了保障国家作为矿产资源所有人的收益,建议页岩气矿权实施市场公开竞价的有偿出让制度,摒弃传统的无偿授予制。同时,考虑物价及通货膨胀等因素适度提高探矿权和采矿权的收费标准与最低勘探开发投入的标准,保障页岩气勘探开发投入强度。

2. 实行中央地方多级监管体制,分享利益

针对现阶段中国页岩气矿权监管体系尚不健全的情况,为防止出现"一放就乱"的局面,建议页岩气矿权继续实行国家一级登记管理,待国内市场条件与页岩气产业成熟时可尝试逐步将页岩气矿权下放至地方管理,以便更好地调动地方政府推进勘探开发的积极性。

同时,考虑到中国页岩气资源主要分布在欠发达地区,且页岩气开采必须获得地方政府的支持,建议在矿权一级登记管理的前提下,吸纳地方监管力量,与地方政府部门协商具体监管政策。实施多级监管制度,并适度将矿权竞价出让所得留给地方政府,可以要求获得矿权的企业在当地注册实体企业进行勘探开发以增加地方税收收入,同时采出的页岩气优先在当地及周边地区应用,以促进地方经济发展。

目前,中央政府和开发企业获得主要开发利益,而地方获益有限且背负诸多负担的情况,在国家资源开发过程中并不鲜见。如资源开发中的税收,中央政府和开发企业往往取得较多,而地方却需要承担配套基础建设等任务,当地民众也不得不被动承担潜在的环境污染风险,如建设期间的噪声、粉尘、空气污染等。

因此,在编制规划和制定政策时,必须均衡地处理好中央政府、地方政府、开发企业和当地民众之间的关系。开发项目启动和开发过程中,当地民众的知情权应得到保障,土地价值损失应得到合理补偿。

3. 严格执行矿权准入-退出规定,提供更多可供招标区块

关于如何更好地获得合法的矿权区块问题,其核心是要建立合理的矿权退出机制,国家应要求并监督拥有重叠区块的国有石油公司加快开发,对未实施勘探或勘探投入达不到修订后标准的区块,可依法回收,向社会重新招标。

要解决好国有石油公司已登记的常规油气区块的退出问题,其关键是要严格执

法,切实落实油气矿权的准入-退出规定。建议从以下3方面开展相关工作。

(1)对油气探明和控制储量分布区以外的页岩气有利区块,国家能源主管部门可以考虑不再延续油气矿权,优先设置页岩气矿权,实行竞价出让。

(2)严格执法,要求国有石油公司主动退出已经过期及无力进行油气勘探的区块。同时,国家能源主管部门应分期分批地检查国有石油公司的常规油气区块,对其连常规油气勘探也未能完成约定的勘探工作量的区块令其依法完全退出。

(3)考虑物价等因素,按照通货膨胀率来调整现有的最低勘查投入标准,并重新计算国有石油公司的油气勘查投入是否达到新的标准。对勘查投入达不到新标准要求的,可以要求其加大油气勘探开发投入;限定期限内,仍未达到新标准的,严格要求其按照投入标准退出部分油气区块。

上述监督核查分期分批地进行就可逐步扩大可供页岩油气公开招标的区块数量与面积,这些区块对国家石油公司与非油气企业都是公平竞争的,这对国家石油公司和中小公司两方面的勘探工作也都有促进作用。

4. 规范矿权转让市场及完善流转制度

页岩气开发在起步阶段有较强的探索性,也会有一批新的进入者。建立以市场方式进入、以市场方式退出的通道对加快油气发现、保障投资的连续性有重要意义。美国早期从事页岩气开发的大多是中小公司,他们敢于冒险,投资决策快,但资金实力不强。待页岩气产业逐步成熟起来后,大公司才开始并购这些中小公司,或者直接从他们手中购买矿权,因此,成熟的并购市场和产权交易机制对美国页岩气的持续发展发挥了重要的作用。

中国页岩气作为独立矿种,其矿权的流转与常规气矿权的设置冲突不大,建议可先行建立"以市场方式进入、以市场方式退出"的页岩气矿权流转市场,这不仅有利于保证投资的连续性,也可以为探索常规天然气矿权流转积累经验。同时为防止过度炒作,还应规范矿权流转制度,如流转应到相关部门备案,且须满足一定开采期限或达到一定投资量之后方可进行等。

5. 完善并落实地质资料上交使用机制

国际上,不少西方发达国家都有较完善的地质资料上交、保存和使用的法规体系,地质资料与测绘、气象等构成服务于全社会的公益基础数据库。

　　建议中国以页岩气勘探开发为突破口,推进油气地质资料上交使用机制。当然,这不仅仅是关于地质资料上交与否的问题,还涉及由谁来管理、怎样管理(须在规定年限内保护上交者的商业机密和知识产权)以及怎样使用(使用资格和收费)的问题,甚至需要建立一个有相应数量人员和规模的公益性机构。目前国土资源部已经明确页岩气勘探开发的地质资料在上交国土资源部后的 3 年期内予以保密,3 年期满后将转为公开地质资料。

第五节　　完善环境监管和加强环保制度建设

1. 提升环境保护在页岩气开发规划中的地位

　　目前,在页岩气开发规划及工作安排中起主导作用的,是国家发展改革委、财政部、国土资源部和国家能源局,而这些部门对于页岩气开发的潜在环境影响往往过于乐观。页岩气相关发展规划中选择页岩气开发有利区块的标准主要考虑其储量、深度、地表条件和保存条件,而尚未考虑环境保护以及对生态和人类健康的影响。在页岩气开发过程中,与水资源管理相关的环保部、水利部和住建部基本处于边缘地位,这意味着一方面页岩气开发主导部门对环境影响的过于乐观可能带来潜在的水污染问题;另一方面当水资源保护与页岩气开发相冲突时,环保部、水利部和住建部的弱势地位可能令水环境保护让位于页岩气开发,从而导致水污染问题。

2. 明确环境监管的内容

　　页岩气开发前的规划和预备工作中,要禁止在生态十分脆弱的地区进行页岩气开发,在选择钻井地点时要尽量减少对稠密人口地区、遗址、现有土地的使用和生态环境的影响。在勘探钻井前进行独立的环境影响评估,并与当地社区、居民和其他有关单位进行商谈,对开发的规划和运营可能产生的环境影响及解决方案进行公告和听取评论,听取反馈意见后进行修改。

　　要求页岩气开采公司的管理人员参与环境监管,并对当地地下水和污染物等各种环境噪声背景收集样品,进行密封保存。要向当地的监管机构报备各种信息资料,包括润滑剂的化学成分等,并通过网站等形式向公众告知。

在开采的过程中注意钻井、修路、运输设施等对当地土地和生物多样性的响应,尽量利用当地的基础设施进行开发,减少铺设新的道路和设施的用地。减少对当地水资源的过度开采,节约并重复利用水资源,对返排水和生产废水、固体废弃物的处理及处置制定严格的标准和规范,做好气井的固井、完井及密封的监测,防止压裂液的化学物质、土地中存在的重金属、放射性物质等对地表水和地下水产生污染。采用绿色完井技术,减少开采过程中甲烷和 VOC 的排放,在整个生产周期内减少温室气体排放。

3. 健全环境标准、规范和监管制度

在常规油气的基础上根据页岩气勘探开采的特点,研究制定页岩气开发有关的环评导则,在土地使用、植被恢复、水资源利用、废水处理、废物处理及气体排放等方面,建立统一的国家环境规范和标准。有些可借鉴或沿用常规油气的标准,并上升为国家标准,尚无标准的应该尽快参考国外的经验,并结合本土的实践,尽快出台页岩气开发的环境标准和规范草稿,使之应用在前期的开发生产中,让标准草案在实践中加以检验、修改和提高。而地方和企业的环境标准不应低于国家制定的标准,但可以严于国家制定的标准。

页岩气开发涉及地震探测、井场定位和建设、运输、钻井、套管、水力压裂、水的供应和使用、空气排放、废水废物处理、井场修复等多个关键节点,这些都对环境和社区安全有较大的影响。中国应该制定至少包括这些方面在内的生产过程的监督制度,明确相关的审查和审批程序,制定关于页岩气开采的操作规程和行业标准,明确各部门的监管职责,组建强有力的专业监管队伍,对每口井实施全面全过程的监管,实行现场核查和定期巡查制度。制定严格的惩罚措施,惩治开采过程中的违法和违规行为。

4. 进行战略环评,制定专门的环境影响评价技术导则

与常规天然气相比,页岩气开发通常需要在整个项目的寿命周期持续进行勘探和开采,也即在整个寿命周期中,都会对水环境产生潜在的环境风险。然而目前中国的环境影响评价,只强调在工程正式开启之前进行环境影响评价,并且缺乏专门的环境影响评价技术导则。但实践证明,针对页岩气的开发,仅从战略规划阶段到试开发阶段进行环境影响评价是远远不够的。在美国,不良的环境影响如生态破坏、地下水和地表水污染以及空气污染在决策的源头就已经难以避免(图 9 - 1)。因此,需要加大

图9-1 美
国页岩气开
发对环境的
影响（据中
国能源网研
究中心）

(a)

(b)

(c)

(d)

对页岩气开发的环境评估力度,强调对页岩气开发的全过程进行环境影响评估,将页岩气开发与区域水资源规划和环境影响评估等结合在一起,全面评估页岩气开发的可行性。

5. 对页岩气开发活动实行全过程监管

页岩气的开发监管有其特殊性,一定要加强事前监管。事前监管就是要求开发企业认真做好钻井位置的选择、当地地质条件信息的收集以及水资源可获得性和地下水循环的调查。尽量减少对土地的破坏和提高有效的土地利用。在开发之前要求企业做好各种必要的信息披露,与当地的社区建立良好的互动关系,了解当地地质条件和各种污染物背景,采集样品并密封保存,以备将来事后评估监管时所采用。专业监管队伍要针对当地条件,对环境标准和规范作出科学的、适当的调整和核查。

全过程监管对开采的各种过程,包括从钻探到完井到生产以及后续过程都要进行监管,监管依据页岩气开发的环境标准和规范。过程监管也就是在开发过程的几个重要环节必须现场评估,满足所有相关条件和要求后,经过专业监管人员签字后才可进行下一步生产程序。环境监管的各种标准和规范在各个环节都应该满足。要采用绿色完井技术,压裂回水要进行处理和再利用,这些都是全过程监管的重要环节。

必须进行事后评估监管。在监管前期和监管过程中所产生的环境影响有时不容易觉察和掌握,在生产的最后阶段要对地下水、地表水的污染状况与原来的样品进行对照,得出是否对地下水,尤其是饮用水产生了污染。在一些气体的测试检查中要尽量减少温室气体,尤其是甲烷的排放。要评估页岩气生产过程对地质构造所产生的变化以及评价发生地震的不确定因素。事后监管也建议开发商利用各种技术和措施进行补救或者回收逃逸的温室气体。事后监管的评估应该要严格,对达不到标准的企业要进行惩罚。

6. 出台页岩气行业废水处理和排放标准

目前中国关于页岩气开发的水资源管理主要参照对传统资源开发进行水资源管理的法规和技术指导,但这些法规和技术指导并未充分考虑这一新的矿产资源所带来的特殊的环境问题。页岩气开发产生的废水具有特殊性,相比常规天然气,其废水中有毒物质的浓度更高,并且含有大量的砂石,其对水环境可能产生的危害也更大,这决定了页岩气废水的处理和排放必须以更具针对性的标准加以规制,以降低环境风险。中国缺乏针对页岩气废水的处理和排放标准,目前页岩气废水的处理主要参照国家污水综合排放标准,而对于页岩气废水,这一综合排放标准明显缺乏实际的可操作性。

7. 建立页岩气重大信息公开机制

页岩气开发不仅是国家能源决策行为,也与公众环境权益直接相关,应当平衡国家能源需求和公众健康安全两者之间的关系。页岩气开发由于其压裂液中含有高浓度的有毒物质,相比常规天然气开发具有更高的环境风险。完善页岩气开发企业的污染物信息公开机制,一方面能够保障公众的环境权益,加强社会对页岩气生产企业的监督和管理,另一方面也能够畅通页岩气环境风险沟通,降低由于沟通不畅而带来的社会风险。

页岩气的管理应该公开透明,并接受公众监督。页岩气开发关乎地方和当地居民的切身利益,美国以州为主的监管体制和恪守公开透明的原则,保证了对页岩气的有效监管。中国的页岩气开发要确保居民和企业能便捷准确地了解国家有关页岩气开采的政策、法规、制度等。对公众关注的一些重大问题应及时回应,保证开发地区民众的合法权益。

8. 提高页岩气作业领域的环境监管能力和执行力度

应提高环境监管责权部门的监管能力,明确监管部门的职责权限,加强监管队伍建设。省和地方环保部门应人员到位,环保监测设备齐备,掌握先进监测技术,并贯穿页岩气开发和利用产业链的全周期。必须完善法律惩罚机制,加大对严重的环境侵害的惩罚力度。尤其在投资主体多元化的大背景下,必须建立完善的法律惩罚机制,增强企业对环境问题的重视程度,减少环境违法风险。

第六节　创新有别于传统油气的页岩气市场化开发模式

1. 制定多层次的页岩气勘探开发、储运和商业利用规划

通过制定科学合理的发展规划,充分发挥规划的调控作用,是促进页岩气有序开发、基础设施建设和商业利用工作的重要措施。无论是国家主管部门,还是页岩气重点开发区域的各省、区、市都要在充分结合节能减排目标的基础上,认真做好页岩气勘探开发、基础设施建设和利用规划。必须妥善处理好国家、地方和企业三者的关系,支持资源地的经济建设和发展的需要,支持当地支柱产业的发展,探索多方共赢的利益分配机制。应根据页岩气供应落实情况,做好用气计划安排,保证供需平衡,加强对天然气利用领域的风险监控与管理。

2. 鼓励页岩气就地利用

页岩气宜采用就地转化和管道输送相结合的运输方式,这是由页岩气开发储量不明、开采经验缺乏、需要不断打井、开发风险高及开采主体多元化等因素共同决定的。在页岩气开发的初级阶段,国家应继续鼓励页岩气资源的就地消化利用。在产量有限

和产能建设初期,产出的页岩气应充分与当地合作,以就地消化利用为主,页岩气产地应配备移动液化装置,转化为 LNG 直接利用;当产量有所上升但尚未达到大规模应用条件时,可加强页岩气作为分布式能源的利用,如果供应超过需求,可将页岩气液化转运出去;当产量进一步提高,区域应用市场发展成熟的情况下,可通过建设点对点的区域性管线,完成页岩气的调运,满足特定用户的定向需求。当产能充分释放、产量快速增长,并且全国性天然气应用市场发育成熟时,宜鼓励长距离管道运输,为此应及早规划建设长输管线,实现页岩气的全国调运和大规模应用。这属于中长期规划的范畴。

3. 建立充分竞争、高度分工的页岩气产业链

页岩气产业链主要分为勘探、开采、储运、利用等环节。其中,勘探包括地震勘查、钻井勘查和压裂试采三个环节;开采包括水平井组钻井、固井压裂和压裂液返排等环节;储运包括管网建设、压缩、液化运输和井口转化等环节;分销利用包括化工原料、工业燃料、发电和城市燃料等多个领域。

在页岩气的开发过程中,取得探矿权和采矿权的油气企业将负责勘探、钻井、开采以及储运销售油气资源整个过程的组织工作。但是,由于专业技术以及特种设备需求的原因,页岩气区块开发的勘探、开发设计、钻井等工作一般会由油气企业外包给勘探公司与油服公司,而特种设备制造商则在采购钻井设备阶段进入分利群体。在页岩气区块投产并稳定产气形成规模化的产能后,储运商凭借管道网络、加压设施等在储运阶段获益,而油气企业在稳产阶段才逐渐获利。

在页岩气产业链中,如果有一批专业服务和技术类公司充分发展,不受产业制度束缚,就能构建高度社会化的专业分工体系,使得页岩气开采的单个环节投入小、效率高、作业周期短、资金回收快、资本效率高。页岩气的成功开发利用有赖于建设一个高度分工、充分竞争的产业链。

而目前中国页岩气产业的成本居高不下,除了受制于技术不成熟外,一个重要因素就是产业链不完善。国有大型油气企业垄断产业链的各个环节具体如下。① 技术垄断,中国石油工业长期由中石油等大型国企垄断,体系相对封闭,勘探开发技术一直掌握在三大石油公司手中。② 探矿权的垄断,页岩气区块多与传统油气区块重叠,所以实际上页岩气资源仍大部分掌握在三大石油公司手中。另外,随着各地方政府对页

岩气的热情高涨,纷纷组建地方国有的能源公司,参与页岩气的勘探开发,从而形成了一种新的地方垄断。③ 油气管网的垄断,作为页岩气产业发展的重要配套设施,中国油气管网仍处于高度垄断状态,既影响页岩气产业的后续发展,也不利于有效提高既有管网的效能。这些因素造成民营企业进入页岩气开发领域面临重重困难,市场竞争不充分。

为解决这些问题,必须加强技术攻关,尽快建立适合中国页岩气特点的技术体系。一方面,要明确三大石油公司在技术攻关中的主力军作用;另一方面,要加快专业技术服务市场建设,建立推动技术不断创新的市场交易机制,加强技术扩散,推动民营企业进入页岩气开发领域。其次,要加强市场培育和环境建设,逐步建立探矿权、经营权的交易市场,鼓励相关资产的兼并重组,建立民营资本的进入和退出机制。同时要加强以页岩气为原料的化工、发电等相关产业的培育。此外,还要加强配套设施尤其是管网建设,打破垄断,放开对民营企业的管网准入。

与国有企业相比,民营企业尽管在初期的技术储备和经验上有所不足,但在技术创新和应用上却有着国有企业不具有的动力,在竞争过程中,可以通过技术创新与高度的灵活性和高效率来弥补资金和技术等方面的劣势。特别是在一些大企业不愿投资的中小开采板块,在地质勘探、配套设施建设等服务方面,民营资本更愿意进入。只有引入更多民营资本、培育市场竞争主体、提升页岩气产业链的市场竞争程度,才能促进页岩气产业的快速发展。

4. 鼓励商业融资和开发模式创新

美国经验表明,社会资本的积极参与、多元化的融资渠道以及灵活多样的金融工具极大地推动了页岩气行业的发展。在未来中国页岩气的发展中应加快研究、借鉴和采用国外成熟的融资模式。随着市场主体日趋多元化,要积极探索新型的投融资模式。通过不断的实践和总结,将摸索出符合中国国情的新开发模式。为了促进页岩气的开发和利用,必须加大建设资金投入,实行投资多元化。页岩气的开发特点以及管网建设的巨大投入,使得资金需求成为开发利用最大的掣肘之一。如此大的投资仅依靠几家油气公司远远不够,必须多方引入社会资金,实行投资多元化。应鼓励中小企业和民营资本参与,允许具备资质的国有企业及民营资本等通过合资、入股等多种方式参与页岩气的开发和利用。最后,在页岩气开发初期,政府应继续实行对天然气生产环节的补贴,这将减少项目风险,提高资金直接投入勘探开发的积极性。

5. 继续稳步推进天然气定价机制改革

过去中国过多强调能源的公共品属性,导致其价格无法按照市场波动。一些企业长期低价使用能源,导致结构调整困难。未来中国能源生产领域的革命将致力于改变以煤为主的传统能源格局,转向多元化供给模式,必须真正让能源还原其"商品属性"。在国家能源政策制定上,要考虑经济发展的环境成本,提高非清洁能源的环境成本,以推动和促进能源结构的调整。

天然气定价机制和价格监管的改革具有相当大的难度,牵一发而动全身,涉及方方面面的利益。由于中国天然气工业的监管体制建立相对滞后,因此天然气定价机制的改革难以一步到位,应采取稳步改革、分阶段推进的方式。天然气定价机制及价格监管改革与天然气行业改革和监管机制的完善等密切相关,应借鉴欧美国家的经验,合理设定天然气行业的改革进程,通过法令的形式公布天然气定价机制改革的方案和进程。发布改革时间表及改革内容,使市场参与者有明确的价格改革预期,以降低天然气行业的上、中、下游企业在投资中面临的政策风险,促进天然气行业的稳步和健康发展。

6. 建立国家页岩气地质勘查基金

页岩气勘探开发具有前期投入大、风险高的特点,亟须规模化的勘查资金持续投入才可能快速掌握其成藏机理和开发特点并实现规模量产。中国具有页岩气大规模成藏的基本条件,但页岩气分布范围广,其形成和富集具有独特的特点,因此页岩气勘探开发实质上是一个需要不断打井来寻找局部"甜点"的长周期过程,且中国页岩气资源"家底"也需要通过大量探井活动才能日渐掌握。可见,前期页岩气勘查资金投入量对于实现页岩气成功开发意义重大。

中国尚未系统开展全国范围内的页岩气调查和普查,资源总量和分布情况没有完全掌握。当前中国油气勘查资本市场尚未形成,基本由几大国有油气公司掌握,采取对油气商业地勘实行特殊准入规定,社会资本很难涉足。相比于常规油气勘探每年投入约 660 亿元,中国页岩气调查评价和勘探累计投入不足 70 亿元。有的政府地勘职能由企业执行,其地质资料无法在行业内分享。因此,通过全面调查掌握页岩气资源分布的难度很大。国土资源部页岩气探矿权第二轮招标已结束,但从中标企业的实际工作进展上看,成效不大。究其原因,各个企业缺乏稳定持续的资金投入是其进展缓慢的关键因素。

作为一个新矿种,页岩气应当实行新的市场化的地质勘查机制。建议由国家开发银行以发行金融债券的形式,广泛吸收社会资金,尽快建立"国家页岩气勘查基金",着重用于页岩气有利区块前期勘查和探明储量,加大国家资金的支持力度和对社会资金的引导作用,降低商业勘查风险(特别是非传统油气企业),引导和促进商业性矿产勘查投资,实现建立地质勘查投入良性循环、市场运作新机制的目标。

在管理机构上,通过一个非营利性的独立机构(如成立国家页岩气基金管理中心,只有管理费支出)代表投资人管理、组织、协调、实施和监督页岩气地勘基金的各项工作。由于基金专门用于页岩气地质勘查,依照各部委职责分工,建议实际可选择国土资源部矿产资源储量评审中心承担基金管理工作,必要时可成立下属办事机构,负责地勘基金的日常管理。

在投资和运行方式上,首先,建议国家开发银行发行一定数量的金融债券,在债券市场融资,财政部为融资做担保,专项用于页岩气地质勘探,并引入市场机制,由基金管理机构以公开招标形式,优选适合的项目勘查单位,与其签订技术服务合同,尽快摸清不同页岩气区块的资源分布情况,所获得的地质资料数据须统一上报基金管理机构掌握。其次,基金管理机构与国土资源部联动,挑选其中资源情况较好的页岩气区块,由国土资源部公开招标页岩气采矿权。中标单位须向基金管理机构有偿购买区块地质数据,所得收益由基金管理机构按规定在债券投资人间进行分成。之后,国开行可继续发行新的债券,投入新的页岩气区块勘查,实现基金滚动发展,加速中国页岩气区块勘探开发。此外,在地方页岩气有利区省份还可以动用地方财政,鼓励当地页岩气地质勘查,向中标本省页岩气区块的企业有偿出让地质数据和资料,用于回收资金。最后,为完善地勘基金运行机制,建议应尽早组织既熟悉基金运作又长期从事页岩气研究的科研机构或咨询公司在项目招投标、监理、权益处置等方面开展相关研究课题,提出相应的制度和办法,以期进一步推动基金运作制度建设。同时可考虑在国家级页岩气综合示范区先行试验,取得成效后,在全国范围内推广。

7. 加快培育社会化的油服市场

油服,通常是指石油机械设备和工程技术服务的统称。其中,工程技术服务贯穿油气井钻采的每个环节,主要包括物探服务、钻井服务、测录井及完井服务等;石油机械设备是指工程技术服务过程中的专业设备和工具,包括钻机、测井仪、录井仪、射孔、压裂车组、连续油管设备、固井车、井下作业工具、井口装置及地面系统等。

国内工程技术服务市场主要以传统的物探服务、钻井服务、测录井和试油试气为主,高端服务市场中的压裂服务占比约为5%,显著低于全球市场中压裂服务占比(15%),国内连续油管服务在油服市场中占比0.5%左右,尚未形成规模。石油装备市场主要以钻机设备、采油设备及井下作业设备(修井机、固井压裂设备等)为主,相对于美国,中国压裂车组、连续油管等存量设备仍然较少,用于压裂的井下作业工具仍依赖国际油服公司。

由于中石油、中石化和中海油具有先天的技术和经验优势,目前中国页岩气勘探开发成果也多集中于这三家企业手中。在技术方面,中石油在水平井分段压裂改造、微地震监测技术等方面取得重要进展;中石化在关键完井工具研发、水平井钻井液、压裂液体系研发以及压裂装备研制等方面取得进展;中海油则初步掌握了页岩气钻完井技术,初步具备了设计能力。

虽然近年来出现了一些为油气勘探开发服务的专业技术公司,但目前中国油服市场90%以上的企业隶属于中石油、中石化和中海油(表9-1)。对于广大新进入的能源企业来说,上游勘探开发权的竞争势必演化为同三大油公司的直接竞争,除非这些企业能够迅速建立自己的专业技术和管理团队,否则在开发初期他们即很可能遇到不得不与竞争对手下属油服企业合作打井的尴尬境地。有利于中国页岩气产业发展的社会化、专业化的技术服务市场尚未建立。

表9-1 中国主要油服企业一览(据中国能源网研究中心)

	油服企业	备注
中石油	西部钻探、长城钻探、渤海钻探、川庆钻探、东方钻探、测井公司、南方石油勘探、大庆油田、辽河油田、长庆油田、塔里木、新疆油田、西南油气田、吉林油田、大港油田、青海油田、华北油田、吐哈油田、煤层气公司、海洋工程公司、宝鸡机械及渤海装备	前五家油服技术企业约20万人
中石化	约十家油服企业,分属各个油田公司及石油管理局: 胜利、江苏、中原、江汉、河南、西南石油局、西北石油局、东北、华北、上海及华东等石油管理部门。 每家油田都有工程技术队伍。 2012年整合成立石油工程技术服务公司,成为集团唯一对外油服企业	石油工程技术服务公司约14万人

215

（续表）

	油 服 企 业	备 注
中海油	中海油服、海油工程	约2万人
较大民营与上市公司	安东石油、百勤油服、华油能源、淮油股份、惠博普、仁智油服、海默科技、恒泰艾普、通源石油、潜能恒信、杰瑞股份、江钻股份、山东墨龙、宝莫股份、中信海直、石油济柴、神开股份、宝德股份、常宝股份等	—

但以页岩气为代表的非常规油气勘探开发要求以更低成本高效生产，民营油服自身技术研发和创新优势更适用非常规油气对工程技术服务的需求。因此，必须加快培育竞争性的油气田服务市场，引入更多民营、外资油服企业参与市场竞争。2013 年 10 月 30 日，中国国家能源局发布了《页岩气产业政策》，提出将页岩气开发纳入国家战略性新兴产业，并加大对页岩气勘探开发等的财政扶持力度。对民营油服企业而言，《政策》出台的重大意义在于，明确鼓励包括民营企业在内的多元投资主体投资页岩气勘探开发。

而另一方面，非传统油气企业没有工程和服务团队，勘探和开采采取外包的形式。它们在取得页岩气勘探开发许可后，亟须专业的油服企业为之服务。现有三大油气企业的存续油服公司在充分竞争的市场环境内，也能为这些非传统的油气企业提供油（气）田服务。甚至结合中国油气体制改革的深入和中石油等大型油气企业的业务重组，这些现有的存续油服公司从母公司中剥离出来，成为独立的、市场化运作的专业化油服企业。

在这种情况下，油气企业和油服公司在页岩气的勘探开发过程中扮演了两个不同的角色：油气企业充当协调者和管理者，设计、制定整个页岩气开发方案，选择合适的油服公司，并在关键时刻如勘探遇到某些棘手问题时，依据经验判断，作出正确决策；油服公司则是操作者和实施者，根据油气企业提供的开发方案，通过其掌握的具体勘探开发技术，按照油气企业的指令作业，这必将极大地提高效率，促进中国页岩气产业的快速增长。

参考文献

［1］中国能源网研究中心."十三五"及中长期页岩气开发问题研究.北京:中国能源网研究中心,2015.

［2］中国能源网研究中心.中国页岩气发展之路:完善监管体制与产业政策.北京:中国能源网研究中心,2014.

［3］张抗,李博抒,张葵叶.设立页岩油气国家综合试验区的建议.中外能源,2013,18(12):1-9.

［4］李博抒.我国能源问题与对策——以页岩气产业发展为例.西北大学学报自然科学版,2015,45(2):313-317.

［5］海夫纳三世 R A.能源大转型:气体能源的崛起与下一波经济大发展.马圆春,李博抒,译.北京:石油工业出版社,2015.

［6］张抗,张葵叶,李博抒.企业进入页岩油气领域途径探讨.中外能源,2012,17(11):1-5.

［7］国务院发展研究中心资源与环境政策研究所.中国气体清洁能源发展报告.北京:石油工业出版社,2015.

［8］李成标.湖北省页岩气产业发展模式及政策创新研究.北京:经济科学出版社,2015.

［ 9 ］ 齐海鹰. 天然气资源与开发利用. 北京：中国石化出版社,2014.

［10］ Richardson C D. 马塞勒斯页岩气开发与水资源问题. 刘乃震,刘锦霞,译. 北京：石油工业出版社,2015.

［11］ 中国社会科学院世界经济与政治研究所. 世界能源中国展望：2013—2014：World energy China outlook：2013－2014. 北京：社会科学文献出版社，2013.

［12］ 格里 L R,麦克纳布 D E. 美国的能源政策：变革中的政治、挑战与前景. 付满译. 南京：江苏人民出版社,2016.

［13］ 王美田. 财税政策研究：以中国天然气产业为例. 北京：人民日报出版社,2014.

［14］ 彭元正,董秀成. 中国油气产业发展分析与展望报告蓝皮书. 北京：中国商业出版社,2013.

［15］ 苏鹏,张希栋,赫永达. 天然气价格规制的经济效应分析——基于可计算一般均衡 CGE 模型的政策模拟. 经济问题,2015(11)：54－60.

［16］ 张希栋,娄峰,张晓. 中国天然气价格管制的碳排放及经济影响——基于非完全竞争 CGE 模型的模拟研究. 中国人口・资源与环境,2016,26(7)：76－84.

［17］ 斯特恩 J. 全球天然气价格机制. 王鸿雁,范天骁,等译. 北京：石油工业出版社,2014.

［18］ 刘毅军. 天然气产业链上游开发规划风险研究：Risk research on upstream development planning of natural gas industrial chain. 北京：石油工业出版社，2013.

［19］ 武盈盈. 中国自然垄断产业组织模式演进问题研究：以天然气产业为例. 北京：经济管理出版社,2014.

［20］ 姜子昂,肖学兰,王黎明. 天然气产业低碳发展模式研究. 北京：科学出版社，2011.

［21］ Breyer J A,布雷耶,董大忠,等. 页岩油气藏：21 世纪的巨大资源. 北京：石油工业出版社,2015.

［22］ 中国工程院. 能源与矿业工程的可持续发展. 北京：高等教育出版社,2016.

［23］ 冯连勇,邢彦姣,王建良,等. 美国页岩气开发中的环境与监管问题及其启示. 天然气工业,2012,32(9)：102－105.

[24] 刘小丽,张有生,姜鑫民,等.关于加快中国非常规天然气对外合作的建议.天然气工业,2011,31(10):1-5.

[25] 刘小丽,田磊,杨光,等.实施五大战略推动油气生产革命.国际石油经济,2015,23(12):10-15.

[26] 张英.中国天然气价格形成与补偿机制探讨.北京:中国社会科学出版社,2016.

[27] 孙贤胜,钱兴坤,姜学峰.2015年国内外油气行业发展报告.北京:石油工业出版社,2016.

[28] 能源领域咨询研究综合组.我国非常规天然气开发利用战略研究.中国工程科学,2015,17(9):6-10.

[29] Zuckerman G.页岩革命.艾博,译.北京:中国人民大学出版社,2014.

[30] 肖钢,陈晓智.页岩气:沉睡的能量.武汉:武汉大学出版社,2012.

[31] 张金川,金之钧,袁明生.页岩气成藏机理和分布.天然气工业,2004,24(7):15-18.

[32] 邹才能,董大忠,王社教,等.中国页岩气形成机理、地质特征及资源潜力.石油勘探与开发,2010,37(6):641-653.

[33] 张金川,徐波,聂海宽,等.中国页岩气资源勘探潜力.天然气工业,2008,28(6):136-140.

[34] 贾承造,郑民,张永峰.中国非常规油气资源与勘探开发前景.石油勘探与开发,2012,39(2):129-136.

[35] 张金川,姜生玲,唐玄,等.我国页岩气富集类型及资源特点.天然气工业,2009,29(12):109-114.

[36] 李玉喜,张大伟,张金川.页岩气新矿种的确立依据及其意义.天然气工业,2012,32(7):93-98.

[37] 张大伟,李玉喜,张全川,等.全国页岩气资源潜力调查评价.北京:地质出版社,2012.

[38] 张大伟.加速我国页岩气资源调查和勘探开发战略构想.石油与天然气地质,2010,31(2):135-139.

[39] 张大伟.加快中国页岩气勘探开发和利用的主要路径.天然气工业,2011,

　　　31(5)：1－5.

［40］张永伟.创新我国页岩气矿权管理与监管体制的建议.石油与装备,2012(6)：
　　　65－67.

［41］韩晓平,滕霄云.如何应对美国再工业化革命.中国能源,2012(9)：52－54.

［42］韩晓平.美丽中国的能源之战.北京：石油工业出版社,2014.

［43］郭焦锋.加快发展气体能源是我国可持续发展战略的重要选择.国际石油经济,
　　　2013,21(12)：90－96.

［44］李莉,郭焦锋,李维明.中国天然气价格市场化改革总体思路.中国发展观察,
　　　2015(2)：34－37.

［45］郭焦锋.开发页岩气怎样分工协作.中国石油石化,2015(11)：35－35.

［46］郭焦锋,高世楫,赵文智,等.“十三五”时期我国页岩气的发展目标与实现途径.
　　　中国发展评论：中文版,2015(2)：46－55.

［47］黄鑫,董秀成,肖春跃,等.非常规油气勘探开发现状及发展前景.天然气与石
　　　油,2012,30(6)：38－41.

［48］王希耘,董秀成,皮光林,等.我国非常规油气资源开发政策研究.时代经贸,
　　　2013(1)：68－69.

［49］鲍玲,董秀成,李慧.发展页岩气如何避免走煤层气的老路.油气田地面工程,
　　　2014(1)：7－8.

［50］田磊,刘小丽,杨光,等.美国页岩气开发环境风险控制措施及其启示.天然气工
　　　业,2013,33(5)：115－119.

［51］刘小丽,张有生,姜鑫民,等.关于加快中国非常规天然气对外合作的建议.天然
　　　气工业,2011,31(10)：1－5.

［52］李玉喜,乔德武,姜文利,等.页岩气含气量和页岩气地质评价综述.地质通报,
　　　2011,30(z1)：308－317.

［53］李玉喜,张金川.我国非常规油气资源类型和潜力.国际石油经济,2011,19(3)：
　　　61－67.

［54］张抗,谭云冬.世界页岩气资源潜力和开采现状及中国页岩气发展前景.当代石
　　　油石化,2009,17(3)：9－12.

［55］张抗. 从致密油气到页岩油气——中国非常规油气发展之路探析. 国际石油经济,2012,21(3): 9－15.

［56］张抗. 美国能源独立和页岩气革命的深刻影响. 中外能源,2012,17(12): 1－16.

［57］陈卫东. 企业家精神推动页岩气革命. 中国石油石化,2011(9): 33－33.

［58］闫存章,黄玉珍,葛春梅,等. 页岩气是潜力巨大的非常规天然气资源. 天然气工业,2009(5): 1－6.

［59］李建忠,董大忠,陈更生,等. 中国页岩气资源前景与战略地位. 天然气工业,2009(5): 11－16.

［60］董大忠,邹才能,李建忠,等. 页岩气资源潜力与勘探开发前景. 地质通报,2011,30(z1): 324－336.

［61］董大忠,邹才能,杨桦,等. 中国页岩气勘探开发进展与发展前景. 石油学报,2012,33(a01): 107－114.

［62］赵文智,董大忠,李建忠,等. 中国页岩气资源潜力及其在天然气未来发展中的地位. 中国工程科学,2012,14(7): 46－52.

［63］朱凯. 美国能源独立的构想与努力及其启示. 国际石油经济,2011,19(10): 34－47.

［64］陈莉,任玉. 页岩气开采的环境影响分析. 环境与可持续发展,2012,37(3): 52－55.

［65］吴建军,常娟. 美国页岩气产业发展的成功经验分析. 能源技术经济,2011,23(7): 19－22.

［66］张徽,周蔚,张杨,等. 我国页岩气勘查开发中的环境影响问题研究. 环境保护科学,2013,39(4): 133－135.

［67］梁鹏,张希柱,童莉. 我国页岩气开发过程中的环境影响与监管建议. 环境与可持续发展,2013,38(2): 25－26.

［68］李小地,梁坤,李欣. 美国政府促进非常规天然气勘探开发的政策与经验. 国际石油经济,2011,19(9): 15－20.

［69］安润颖,余碧莹. 中美页岩气发展现状比较及其启示. 中国能源,2017(01): 15－19.

［70］ 王凯,胡郑雄,游静,等. 中美页岩气产业政策的比较与启示. 产业与科技论坛, 2016(23)：87－90.

［71］ 郭瑞,罗东坤,李慧. 中国页岩气开发环境成本计量研究及政策建议. 环境工程, 2016(03)：180－184,142.

［72］ 龙胜祥,曹艳,朱杰,等. 中国页岩气发展前景及相关问题初探. 石油与天然气地质,2016(06)：847－853.

［73］ 张大伟. 中国非常规油气资源及页岩气未来发展趋势. 国土资源情报,2016(11)：3－7,56.

［74］ 王莉,于荣泽,张晓伟,等. 中、美页岩气开发现状的对比与思考. 科技导报,2016(23)：28－31.

［75］ 杨洪波,彭民,张彦明. 页岩气资源开发环境影响的税费政策. 生态经济,2015(12)：70－73.

［76］ 程鹏立. 页岩气开发中的社会风险——以重庆涪陵页岩气开发项目为例. 西南石油大学学报(社会科学版),2016(06)：1－6.

［77］ 耿小烬,王爱国,鲁陈林. 页岩气开发的经济效益与影响因素分析. 中国矿业,2016(10)：31－36,41.

［78］ 黄颖. 页岩气开发保护中面临的国际法挑战. 昆明理工大学学报(社会科学版),2016(01)：52－58.

［79］ 林奇,王丹,杨兴华,等. 页岩气开采对水环境的影响及其治理技术研究. 环境科学与管理,2017(01)：55－58.

［80］ 张文泉,侯俊,尚婷婷. 页岩气开采的环境问题及建议. 广东化工,2017(02)：52－53.

［81］ 刘琳,江昕,陈泰宇,等. 页岩气产业对美国经济发展的影响及中国应对策略的研究. 世界有色金属,2016(20)：81－82.

［82］ 邢占涛,王家亮. 新常态下非油央企页岩气产业可持续发展之路. 企业管理,2016(S2)：342－343.

［83］ 我国页岩气勘探开发现状与展望. 水泵技术,2016(05)：50.

［84］ 汪金伟,吴巧生,赵天宇. 我国页岩气勘探开发水资源约束分析. 中国国土资源

经济,2016(02):28-34,13.

[85] 许坤,李丰,姚超,等.我国页岩气开发示范区进展与启示.石油科技论坛,2016
(01):44-49,55.

[86] 段鹿杰,刘明明.我国页岩气开发邻避效应的预防性治理——基于借鉴美国经
验的视角.山东大学学报(哲学社会科学版),2016(06):59-66.

[87] 刘琪,张映斌.我国非常规油气发展问题及建议.当代化工研究,2016(09):
109-113.

[88] 王承红,宋荣彩,陈全.我国的页岩气定价方法研究及可行性分析.山东化工,
2016(23):63-64,67.

[89] 马新华.天然气与能源革命——以川渝地区为例.天然气工业,2017(01):
1-8.

[90] 蒋邦杰,胡爱玲,夏炎,等.天然气定价机制的国际比较与借鉴.财政监督,2016
(22):107-110.

[91] 李旸阳.试论页岩气资源前景与战略地位.化工管理,2016(04):108.

[92] 朱凯.浅析页岩气水力压裂开发对环境的影响.中国石油和化工标准与质量,
2016(22):57-58.

[93] 李颖虹,魏凤.欧美页岩气水力压裂技术环境风险及管理措施剖析.环境科学与
技术,2016(12):194-199.

[94] 徐博,冯连勇,王建良,等.美国页岩气开发甲烷排放控制措施及对我国的启示.
生态经济,2016(02):106-110,121.

[95] 罗佐县.美国海恩斯维尔页岩气产业发展模式分析及启示.石油科技论坛,2016
(01):50-55.

[96] 罗开艳,周效志.基于延迟期权的页岩气矿权闲置对策研究.国际石油经济,
2016(11):56-60.

[97] 王剑楠.关于中国非常规天然气资源开发与利用的探究.石化技术,2016
(02):39.

[98] 闫萍.关于停止页岩气开采的几点思考.世界有色金属,2016(21):129-130.

[99] 梅绪东,张思兰,熊德明,等.涪陵页岩气开发的生态环境影响及保护对策.西南

石油大学学报(社会科学版),2016(06):7-12.

[100] 高波,孙川翔,边瑞康. 低油价下我国页岩油气勘探开发策略. 中国石化,2016 (12):28-30.

[101] Modern Shale Gas Development in the United States. U. S.: S Department of Energy, 2009.

[102] Weston RT. Development of the Marcellus Shale-Water Resource Challenges. Kirkpatrick & Lockhart Preston Gates Ellis LLP. , 2008.

[103] Fact-Based Regulation for Environmental Protection in Shale Gas Development. 得克萨斯州大学奥斯汀分校, 2011.

[104] Curtis J B. Fractured shale-gas systems. AAPG Bulletin, 2002, 86(11):1921-1938.

[105] Jarvie D M, Hill R J, Ruble T E, et al. Unconventional shale gas systems: The Mississippian Barnett shale of north central Texas as one model for thermogenic shalegas assessment. AAPG Bulletin, 2007, 91(4):475-499.

[106] Javier D M. Shale Gas: Making Gas and Oil From Shale Resource. IFP Presentation, 2010.

[107] Verrastro F A, Branch C. Developing America's Unconventional Gas Resources Benefits and Challenges. CSIS, 2010.

[108] Stark M, Alingham R, Calder J, et al. Water and Shale Gas Development: Leveraging the US Experience in New Shale Developments. Accenture — High Performance Delivered, 2012.

[109] Untied States. Energy Information Administration, Kuuskraa V. World Shale Gas Resources: An Initial Assessment of 14 Regions Outside the United States. US Department of Energy, 2011.

[110] Alexander T, Baihly J, Beyer C, et al. Shale Gas Revolution. Oilfield Review. 2011, 23 (3):40-55.

[111] Zhang Q, Crooks R. Toward an Environmentally Sustainable Future: Country Environmental Analysis of the People's Republic of China. Asian Development

Bank, 2010.

[112] Carbon Dioxide Carbon Capture and Storage Demonstration in Developing Countries — Carbon Footprint of Shale Gas, Conventional Natural Gas, and Coal with and without Carbon Dioxide Carbon Capture and Storage. Consultant's Report. Manila (TA 7278 - PRC), 2013.

[113] Enhancing Energy Regulation Systems for Low Carbon Development — A Study of Relevant Major Issues on promoting the Development of the PRC's Shale Gas. Consultant's Report. Manila (TA 7963 - PRC), 2013.

[114] Major Issues on Shale Gas Development in the PRC. Manila (TA 7963 - PRC, Consultant Report), 2013.

[115] Shale-gas Development in the Region: Role for the Asian Development Bank. Consultant's Report. Manila (TA), 2013.

美国宾夕法尼亚州
公有林地租赁合同

在租赁合同中,一般会对双方的权利和义务进行约定,包括:租金、权利金、红利的支付方式和数额;开采区范围及面积;矿区内车间、厂房、设施等建设;矿业企业的劳动安全、环境保护、土地恢复;租约期限、解除、违约等内容。

具体来说,宾夕法尼亚州森林土地租赁合同一共包括45个部分。

1. 租赁期

租赁期一般为租赁协议生效后的十年,但出租人须按照租赁协议的规定在协议生效后的五年内打出第一口钻井,且之后每年需要通过继续打井或再加工,以保证石油或天然气的产量满足承租人分红的要求。

2. 租赁记录和公告

协议经承租人签字生效后的90天内,须由承租人拿到租赁地所在的市县备案且将副本交给出租人。出租人将会在宾州公报上公布以下信息:

① 租赁协议名称;

② 经批准的租赁地点;

③ 承租人和出租人的具体名称;

④ 与协议相关的其他信息。

3. 租金

承租人分第一年,第二、三、四年及第五年之后三个阶段支付给出租人租金。打出第一口钻井之后再打出的钻井都会根据协议约定减少相应的租金。符合其他特定情况的钻井行为会依据其他相关许可或协议减少相应的租金。但是,如果根据协议许可被打出的可以生产天然气的钻井在一个租赁年出现关闭、中止生产或其出产的天然气无法使用或进入市场的情况,承租人则需要为这样的"问题钻井"支付全额的租金。

4. 天然气开采特权使用费

承租人须按照0.35美元/千立方英尺,或依据协议规定打出的钻井生产的在市场销售的天然气和所有气态物质的市场价值的18%支付天然气开采特许使用费,以数额较高的支付。具体的支付数额还须乘以出租人提出的其他相关权益,且须按月支付。

5. 石油开采特权使用费

承租人须向出租人支付每桶石油18%的特许权使用费,因此也要求承租人精确提供在租赁地生产和储存的原油数量。

6. 支付

按月计算的销售期结束后的 90 天内,承租人须向出租人支付特许权使用费。如果承租人逾期 30 天仍未支付按协议要求支付任何费用,则须向出租人支付额外的超出支付期限后的年产量利润的 12% 的费用。

7. 气体测量

在进行气体产量的测量时需要清楚写出下列测量条件或测量因素:

① 基本的管道口情况(Fb);

② 雷诺兹数值(Fr);

③ 压力值(Fpb);

④ 温度值(Ftb)等。

8. 审计

承租人须向出租人提供准确的测量图、石油及天然气的运输商和购买者供出租人监察。出租人有权在任何时间对承租人提供的信息、记录和产量进行审计核查。

9. 解释

如果出现模棱两可的情况,本协议一般被理解为赞同出租人、反对承租人。

10. 保证限制

政府虽然有权许可承租人对相应林地进行石油和天然气开采,但并不保证林地内石油和天然气的存在。即使承租人无法开采出石油或天然气,也必须向出租人支付特许权使用费。

11. 法律、规则、规定

依据现有或即将生效的任何相关法律对该协议进行的解释都不能损害出租人的权力、权利和义务。承租人在租赁地进行石油或天然气开采须同时符合相关水法的规定,保护当地水资源环境。

12. 赔偿与免责

承租人需要对因其维修、重建、操作等工作给出租人带来的任何损失承担赔偿责任。

13. 责任

承租人需要对其开采石油或天然气过程中造成的任何环境污染和损害及民事侵

权行为承担赔偿责任,除非有明确的证据表明该污染或侵权行为是由第三方行为造成的。在诉讼过程中,承租人须承担反驳侵权损害行为的举证责任。

14. 分包及转租

承租人不得以本协议规定内容以外的任何目的使用或允许他人使用租赁开采许可,且不能于任何时间在没有出租人书面许可的情况下,将该租赁开采权利全部或部分分包或转租。尽管出租人认可承租人有将开采工程承包出去的权利,但承租人仍然对此协议全部条款独立承担全部责任。

15. 相关协议

承租人应提供所有与合同相关的协议、通信文书、备忘录的副本作为备案。

16. 财政担保

承租人向出租人缴纳红利支付担保金(红利总额的10%)作为不可撤销信用证。

承租人向出租人缴纳2.5万美元作为履约保函,保证按照合同要求进行勘探开发。

对于旧井、老井重新开发的情况,根据打井深度,承租人还须承担相应的井堵塞担保。

17. 全面污染责任保险

承租人应在租赁期内购买及提供一般性的全面保险,包括并不限于由于承租人自身操作或直接及间接由其雇员造成的人身伤害、意外死亡和财产损失。同时,承租人应该在租赁期内购买及提供环境污染责任的保险。

18. 深井控制保险与安全

在开始钻探10 000 ft及更深的钻井前,承租人应该购买相关保险,用以保证钻探的深度、速度以及由此对周围环境造成的污染和相关废物的处理等。

19. 操作、保护与保持

承租人应按照该协议的规定以合适专业的方式进行勘探开采。在开采前还应将防止所开采土层进行污染下沉的计划上报相关机构,并在开采时采取一定的防护措施。

20. 第一口井

承租人必须在该协议生效后的五年内打出第一口钻井,否则该协议将自动无效,除非承租人在五年期限届满前的 30 天内收到出租人的延长五年期限的书面通知。

21．后续井

开发后续井的目的是获得投资回报和收回运营成本。

22．开发与布井

承租人必须有效利用所租赁的空间进行勘探开采，不得存在浪费行为。出租人对承租人打井的总数上限享有最终解释权。

23．钻井限制

出租方出租的林地除被勘探开采资源外往往还具有其他的功用，所以承租人在操作中必须依照协议约定保证其所租赁的土地的其他功用的实现并为其他功能的实现提供便利。

24．钻井作业

承租人每次打井作业开始前均须向出租人汇报，经批准后方可进行。其日常钻井作业需要详细记录负责人及操作流程，做好每日仪器检查，保证开采仪器运转正常并制定处理应急事件的计划，保证作业安全。

25．井的记录、日志与报告

承租人需要对每日钻井作业进行详细的记录，包括开采的深度、水量和开采量等。

26．保密

承租人提供给出租人的钻井作业记录根据宾州的法律是应该向公众公开的，但承租人可以书面建议出租人对涉及贸易及商业秘密的记录进行保密。

27．使用

承租人有权在任何时间与其他单位联合，签订合作开采协议。但不得与租赁合同内容相违背，并须告知出租人。

28．补偿井

29．石油天然气管线

任何直径超过 12 ft 的管线在铺设前均须获得有关部门的书面批准。承租人在铺设任何管道前还须向有关部门上报管道的规划图，得到批准后方可施工。

30．天然气储存权

此协议并不赋予承租人任何天然气的储存权，如果承租人想获得该权利，需要与出租人签订另外的许可协议。

31．地震探测

承租人进行的任何地震探测行为均须向出租人报批,无论探测行为是否全部进行完毕,承租人获得的相关数据也须呈报给出租人。

32．井经济性测试

根据本协议的目的,如果钻井连续两年的产量无法达到相关标准,承租人应该在第二年结束前六个月封堵并放弃该钻井。

33．封堵

承租人采取任何封堵行为之前均须将封堵计划及程序上报相关机构,获得批准后方可对钻井进行封堵。

34．出租人终止租约

如果承租人没有或拒绝支付租金、特许经营费或在收到出租方书面通知30个工作日内仍然没有纠正违反合同规定的行为,出租人将有权终止该租约。

35．承租人终止租约

承租人在没有任何违约且正常履行合同的前提下,可以在租期内任何时间提出放弃勘探开采权,但需要提前30个工作日书面通知出租人。

36．不可抗力

在出现罢工、火灾、洪水、自然灾害以及其他超过承租人控制范围的事件时,承租人有权向出租人提出合同延期。

37．消除

合同全部或部分终止后,承租人仍有六个月的时间处理后续事项。

38．出租人保留权利

出租人保留使用租赁许可的权利,不受该租赁协议的限制。

39．第三方权利

为实现检查的目的,相关人员有权在获得书面批准的前提下,在正常作业时间进入无害区域检查承租人的相关设备和不需保密的记录。

40．调解纠纷

对出租人作出的决定提出异议,承租人须遵循以下程序:

（1）向出租人提交书面材料,阐明异议,立场并附上相关证明材料;

（2）出租人收到承租人书面材料后的十个工作日内应该选定时间和地点召开会议与承租人商讨争议;

（3）除非出租人和承租人达成协议延长时限,否则出租人应该在收到承租人书面材料后的三十日内召开争议讨论会;

（4）由林业机构的负责人或者其代表代表出租人参加会议;

（5）如果有新的补充证据证明承租人的主张或在当事人均同意的情况下,会议可以再次进行;

（6）会议中双方达成的协议会作为该协议的补充条款,会议记录由双方持有。

如果一方当事人对在解决纠纷的会议上达成的协议仍然存有异议,可以选择向法院起诉。

41. 立契约人诚信规定

承租人保证遵守在解决纠纷的会议上达成的协议。若仍有异议,可以选择向法院起诉。

42. 非歧视条款

承租人保证遵守"DISCRIMINATION CLAUSE"中的规定。

43. 标题

合同条款的所有标题性文字不具有法律效力或影响。

44. 终止

出租人会同工程人员等代表对井场修复进行检查,符合要求合同才告终止。

45. 约束力

本合同对承租人和出租人具有相同的法律约束力。

附录 II

美国宾州森林土地
石油和天然气活动
管理准则

《州森林土地石油和天然气活动管理准则》由宾州自然资源保护部下属的林业局（BOF）于 2011 年 4 月 26 日发布。BOF 负责管理宾州林地及动植物栖息地、木材和油气生产。为保护野生动植物、防止环境污染、保证对资源利用的可持续性和高效性，BOF 特制定该指导意见。

首先，无论是通过租赁协议还是其他形式的合同将林地出让给私人用以油气作业时，BOF 对其的管理都遵循以下九个基本原则：① 环境整体性原则；② 工人安全及公共利益优先原则；③ BOF 代表 Common wealth 签订的租赁协议有效原则；④ 与私营业主良性互动原则；⑤ 指导意见与专业实践相结合原则；⑥ 指导意见为最低执行标准原则；⑦ 油气作业与已有基础设施建设不相冲突原则；⑧ 提前规划原则；⑨ 每周例行检查原则。

其次，为应对逐年增加的油气作业，BOF 成立天然气管理小组（GMT）。GMT 负责日常天然气项目的管理，包括：与运营商人员的联系，新井场的批准，地震探测的审批，蓄水审批，新道路的建设和监测，天然气管道建设的审批，水的提取和运输，媒体联络以及其他配合天然气井开发，生产和现场恢复的各项事务。其中，应急事故处理和污染事故处理为重中之重。

再次，油气作业信息的保存和公开也是 BOF 的基本工作之一。BOF 的有关员工与运营商及其他相关机构之间保持密切的合作伙伴关系，注意收集和整理准确及时的油气作业信息用以日常和应急管理。值得注意的是，通过履行租赁协议或由私营业主提供给 BOF 的信息通常会被视为保密文件，未经承租人或私营业主的书面同意 BOF 是不能将其泄露给第三方的。第三方若想获得相关信息，可以通过直接向运营商索要，或通过 DCNR 非正式和正式两种程序索要。

在公共安全方面，BOF 强调所有的运营商均须严格遵守州森林法律和法规，在作业时设置必要障碍防止公众进入。在作业繁忙时，应该停止公众与作业车辆共用同一车道；如果无法停止作业，在高峰时段和湿滑路面应密切监察作业车辆的行进。

在生态环境和其他资源的保护上，BOF 要求对天然气的勘探和开发建设应尽量利用已有的道路及其他公共基础设施，避免二次破坏；遗留的租赁地也得以被最大限度的保护；油气开采计划、水资源利用计划、防止土地污染和下沉计划及环境整体性调查都须提交给 BOF；在油气作业进行中，BOF 倡导对环境的最低损害原则。野生或自然保护区及属于州的各个公园是不允许以任何形式租赁以供油气开采的。

在管理实践上,该指导意见主要包括以下几个方面。

(1)地震探测 主要建议包括在铺设电缆或进行设备安装时手动移除植物;避免开采活动或探测活动在地壳活跃的地区进行;探测活动应尽量避免在雨季进行;探测活动应选择对环境影响较小的仪器进行。

(2)井场的位置 主要建议包括选址应避免河岸区、洪泛区、湖边、湿地和土壤受到严重侵蚀的地区;建设过程中产生的岩石和树桩等应尽量作为野生动物的栖息地使用;用双层的特制桶具来储存化学品和液体;天然气井的选址也应考虑环境美学标准等。

(3)水的采集、运输和储存 主要建议包括地下水可以作为用来完成作业的补充水源;淡水管道可能涉及地面或地下供水管道网络,或两者兼而有之;排水系统周期泄漏的水可以循环进入蓄水系统直至漏水的管道被修复。

(4)水处理 主要建议包括使用高科技循环利用的手段尽量避免淡水的使用;最大限度地利用已有水源;在上述循环再造过程中,应测试所有的阀门和相关管道的连接和密封性。

(5)道路 主要建议包括在请求批准道路建设时也应着重考虑使用已有合适的道路;所有位于河道内 50 ft 的道路应采用耐磨材料;确保地表排水系统的畅通,保证其不会阻碍运输业务的进行。

(6)管道 主要建议包括现有管道的铺设应与原有的管道相配合;运营商之间应尽量共享基础设施和管线,避免不必要的资本支出。

(7)压缩机站 对天然气资源的压缩开发是必要、重要的,但它也有可能明显改变或破坏国家森林资源。主要建议包括种植绿色植物可以有效消减压缩机设施所带来的噪声;压缩机站的建设应与周围的环境及已有基础设施相协调。

(8)植被管理 主要建议包括原生草可以用以覆盖建设中空白的建筑面积;对建筑区内的特殊物种 BOF 应制订特殊计划用以保护。

(9)外来入侵植物 主要建议包括应尽量减少对土壤的破坏,减少外来植物的入侵;适时检测受影响地区的害虫情况;应注意管理和控制外来植物后本地物种的变异。

(10)恢复 主要建议包括根据需要,进行项目前期检测;应在项目进行过程中做好对环境的监测；恢复工程应尽量以达到原生态标准为目标。

（11）林间娱乐活动　主要建议包括公众和天然气供应商的安全都是至关重要的；进行林间娱乐活动应充分考虑季节和娱乐活动的规模；天然气运营商应在经 BOF 批准的林间娱乐活动过程中为参与者提供必要的安全保障，如安全标识等。

在审查和批准程序方面，主要介绍了井场、分段运输、蓄水、管道、压缩机站、进入道路、取水、基础设施和地震探测活动的审查与批准程序。

程序共包括运营商提交申请、初步审查（案头研究、现场检查）、初步审查回复、最终批准请求、井底审查和批准程序五个步骤。

在日常现场检查指引上面，工作人员须每周进行现场检查，加强与其他监管部门的合作，并熟悉他们的工作规范和流程。

工作人员主要对四大类 33 个方面进行检查，即进入与安全，许可与信息，环境控制，财产保护。指引也提供了一份油气作业现场检查表。

在紧急和污染事件指引方面，主要包括医疗紧急事故、环境污染紧急事件两个方面。